遇见
好花园

9-10 M
己亥年
总第五十九辑

花也编辑部 编

中国林业出版社
China Forestry Publishing House

遇见好花园

总策划：《花也IFIORI》编辑部

顾问｜吴方林　兔毛爹

编委｜蔡丸子　马智育　米米mimi–童

主编｜玛格丽特–颜

执行主编｜广广

副主编｜小金子

撰稿｜Shirley　皇甫　药草老师　红子
玛格丽特–颜　锈孩子　晚季老师
Diego　Chris　石头艳　花田小憩
朝颜　阿桑　Sofia　小米　Wendy
赵芳儿　余传文

编辑｜石艳　崇崇　雪洁　亭子

美术编辑｜张婷

校对｜田小七

商务合作　15961109011

花也合作及支持　中国林业出版社
　　　　　　　　江苏源氏文化创意有限公司
　　　　　　　　江苏尚花坊园艺有限公司
　　　　　　　　陌上花论坛
　　　　　　　　《花卉》杂志
　　　　　　　　溢柯庭家

看往辑内容及最新手机版本

扫二维码
关注公众号"花也IFIORI"

更多信息关注

新浪官方微博：@花也IFIORI

花也俱乐部QQ群号：373467258

投稿信箱：783657476@qq.com

责任编辑｜印芳　邹爱

中国林业出版社·风景园林分社

出版｜中国林业出版社

（100009 北京西城区刘海胡同 7 号）

电话｜010-83143571

印刷｜北京雅昌艺术印刷有限公司

版次｜2019 年 10 月第 1 版

印次｜2019 年 10 月第 1 次印刷

开本｜787mm×1092mm　1/16

印张｜8

字数｜180 千字

定价｜58.00 元

图书在版编目（CIP）数据

花也：遇见好花园／花也编辑部主编．--北京：
中国林业出版社，2019.9

ISBN 978-7-5219-0296-9

Ⅰ．①花…　Ⅱ．①花…　Ⅲ．①花园—园林设计　Ⅳ．
①TU986.2

中国版本图书馆 CIP 数据核字 (2019) 第 219063 号

015

028

088

Contents

花沁石

面朝大海
春暖花开

文 · Shirley　图 · 玛格丽特—颜、郑德雄

我说自己是一个有福之人，无悔的青春，落叶归根，回到家乡，父老乡亲，花草为伴。在花园里观潮起潮落，渔舟唱晚。"我有一所房子，面朝大海，春暖花开。"我庆幸它不是诗，又是诗一样的存在。我给我的花园取一个温暖的名字——花沁石。

坐标：福建宁德

花园类型：英式自然风格

花园面积：100 平方米 + 后续两亩地

我是辣妈 Shirley，"70 后"，土生土长的霞浦人，父母、兄弟都在家乡住。
四年前我回到故土，目前在打理自己的花园 "花沁石"。

我的前半生

说到我的青春奋斗史，要从 17 岁做裁缝开始。1998 年，我只身来到上海进修服装设计专业，毕业后一直留在当地打拼。上海是一个多元化的城市，帮我打开了眼界，丰富了视野，同时也给予肯吃苦的逐梦人同等的发展机会，让我公平地体会到 "坚持 + 努力" 就会成功的道理。

经过几年的奋斗，我成了家，立了业，和先生在上海购置了一座带一楼花园的联体别墅，给女儿提供优质的学习生活环境。偶然的机会，我接触到了家庭园艺，致使我血液里 "农民女儿" 的意识被唤醒，我开始在自家花园以及户外公共花园区域种植各种各样的花草。多年从事服装行业让我对于 "美" 有着敏锐的感知，帮助我在做花园的时候，奠定很好的美学基础。慢慢地，我开始自行设计打造错落的景观，引来小区居民的围观，再后来一些上海市民纷纷从各处赶来参观。

上左　吊盆、花架、盆栽组合，辣妈借助各种
方式呈现繁花似锦的花园。
上右　太阳能地灯节能合理利用资源，夜晚有
了灯光的衬托，站在远处看，花园好像在跳舞。

光阴飞转，我在上海一待就是20年，每年只有探望父母才回老家霞浦。诸事顺遂，直到2012年的一场病扰乱了我本以为已成定局的生活轨迹。一病就是三载，这三年时光加重了我对父母和故乡的思念。

2015年春，大病初愈的我回到了故乡——霞浦。

在好友郑德雄老师的引荐下我来到牛栏岗，中国千万小村落中的一个。第一眼就被这里的自然风景吸引，一座石头屋依山面海，视野开阔。我的脑子里即刻浮现出海子的诗：面朝大海，春暖花开。许是长期在大城市生活的缘故，看到山里的一切都觉得美好，我有了想在这里养老的冲动，而且这个想法愈发地强烈，挥之不去。带着这份"冲动"，在郑德雄老师的帮助下，我跟村民协商租下了那座老石屋。我知道，这就是我要的诗和远方。

上左 石料加固的坡地，让花园显得更加立体、有层次。

上右 随处可见的小景

遇见诗和远方

原来我居住的老房子外立面是石头堆砌的结构，屋前有 100 平方米不到的自留地，我就在这门前一亩三分地上继续我人生后半程的花园修行。有人肯在买包上花费过万，而我却唯独钟爱亲手造花园，花钱给自己"找事儿干"，至今我在花园上的投入已超过三百余万元。我没有聘请专业的设计师，把所有的造园乐趣和艰辛全部留给自己体验。每一步，每一场景、细节，都是我在摸爬滚打中积累经验，不断改善。

我住的石头屋年久失修，被白蚁侵蚀严重，如遇下雨天，屋内到处漏水，好似仙居水帘洞一般。可是这些我都不在意，就在花园里搭帐篷露营。因为热爱园艺，我每天很早就起来，一杯咖啡就是对我的"灌溉"，得到能量补给后开始浇花、施肥、修剪、种花，一直劳作到天黑。日复一日，不知疲倦，谁让我爱呢？我的家人朋友都觉得我是个"疯子"。我曾经连续七个月沉迷园艺劳作，没有下山，没有和家人联系，在"失联"的这段时间里都是依仗信任支持我的朋友们支撑着日常生活。

莫奈老师来看我，第一眼感觉石头屋特别漂亮，美中不足的是在石屋的位置不能看到海天相接。就在为此事纠结的当口，我突然冒出一个想法，石头屋正前方的坡地还空闲着，很多原住民都搬到县城里生活，我便租下两亩地用以扩张我的花园版图。

辣妈得意之作中的一处，圆拱套层映照着圆形草坪。

山水之间沁花园

　　个人喜欢英式自然风格花园。从小在田间自由自在长大的我，养成了豪放不羁的性格。我对待植物们的态度同样不苛求，希望它们在宽松舒适的环境下依着自己的性格自由生长，没有条条框框的设计，不设限。

　　整个花园我最满意的地方有三大部分：第一处，水景。完全按照原有地形、水体、硬质结构和原生植物来组织，体现浓郁的自然情趣。第二处，圆形草坪。圆形是自然的形态，线条圆润，包容感强，易给人无边的感觉。以圆形草坪为中心，周边大面积生长着纯天然的花境，与三层圆拱形结构气质相呼应。第三处，阳光房。它是整个花园的灵魂，尤其夜晚打开灯，站在远处能感受到花园在跳舞。我终于在石头屋前看到了我想要的风光。

海阔天空的花园吧台，坐在这边景色独好。

　　霞浦的气候宜人，早晚温差较大，为各种植物的生长创造了优渥的环境。一不小心紫色欧洲月季已爬上二楼窗台，远看好似从石缝里开出的花束，沁人心肺，鸟语花香弥漫着整座石屋，我的花园从此就叫"花沁石"。另外，这个名字又透着股意志顽强的精神，有我的影子在里面。花沁石正对面（南面）是一片滩涂，每当日出日落，潮起潮落，小舟渔网、竹排浮标在光线中忽暗忽明，异常令人着迷。花园的北面背靠青山。

长椅旁边清爽的白色盆组区域，坐在这里令人心旷神怡。

花园新事业

2017 年春天，老石屋已成为村上仅存的七栋老石屋中毫无悬念的咖位，吸引周边摄影爱好者和园艺爱好者前来打卡，平静的小村庄变得热闹起来。慕名而来的拜访者多了，花园的维护成本也在直线升高，与朋友相商之下，将花沁石做成花园民宿与天下花园爱好者一同分享。没有路就修路，搬来石头一层一层堆起来作护坡，巩固水土，也让花园显得更加立体，层次分明。

政府一直在推广美丽乡村建设，而我的实践行动恰巧响应了政府号召，推广家庭园艺概念，让更多人了解并喜欢上家庭园艺。因为花园，我结识了很多好朋友，一起享受着园艺给生活带来的快乐。在陌生人面前，我是一位勤劳的花农。在熟悉的人面前，我是一位独立的现代女性。三年的劳累，看到今天的成果，我的心中充满了自豪感。我的先生和女儿都支持我现在的新事业，能够为家乡做出贡献。父亲有时会来帮我打理花园，妈妈为我烧饭煮菜，准女婿帮我处理日常杂务，村民们常来坐坐喝茶小叙，搭把手搬运这些重物，是花园指引着我再一次找到生活的方向，找到回家的感觉。🌸

民宿地址：福建霞浦牛栏岗
辣妈微博：@Shirley 与花共舞

坐标：杭州

花园类型：露台容器花园

花园面积：100 平方米

Owl 园

喜欢就会放肆，但爱就是克制！

文／图·皇甫

走过看过很多花园，潜移默化地改变着我对好花园的认知。造花园如同经历人生，千帆过尽，才清楚明白自己之所求。我越来越看重用普通平凡的植物营造到位的花园氛围，捕捉亮点，超凡脱俗。一个美得耐看且享受的花园止于无休止的堆砌。喜欢是放肆，但爱就是克制。

2019 年是我热爱园艺的第四年，也是我迈入独立、理性思考的园丁行列布置出张弛有度的花园的第一年。我给自己的花园起了个独特的名字——owl 园，"owl"一词在英语里有猫头鹰的意思，我偏爱暗黑复古系腔调，花园的命名也取这层含义。

花园是家的延伸

owl 园坐落在杭州郊区的山坳里，周围密林环抱，花园由三块合计约 100 平方米的露台组成。为与房子的外观、室内装修风格统一，花园的基调定位为欧式复古风。花园的风景由大大小小的容器堆叠而成，是一个名副其实的容器花园。一得空闲，我最爱的运动就是搬动花盆，在不同的季节呈现不同的场景，琢磨出最有意境的摆法。

上左　变色的爬墙虎悄悄染红了杂货区的背景墙。

上右　每个区域的布置不是一成不变，杂货就是最拿手的道具。

在各种不断的尝试与深入学习中，我意识到植物只是花园的一个要素，真正的花园更讲究布局功能以及观赏性。植物是基础，但说到底也只是为整个花园服务，于是我渐渐地可以对植物的生死淡然处之，把对园艺的狂热慢慢化解为理性思考。对花园认知的不断改变，本身就是一个园丁成长与成熟起来的过程。我不再满足于跟风地"买、买、买"，回来将杂货花卉简单堆砌，而是转向考虑花园的功能性，把它看作是家的延伸和补充。"低维护、低饱和、高颜值"——被我归纳定义为塑造 owl 园的新标准。

生命的鲜活与岁月的锈迹斑斑

owl 园的入户露台大约有 10 平方米，朝南，这里是每天上下班匆匆一瞥最多的地方，主打铁线莲与月季，佐以宿根草花。趁着二楼装修，我一鼓作气打通玄关隔断，露出远处的青山，视野一下子开阔了许多，巧借远山做花园背景。书房外闲置的露台今年也启用了，我在"啊布"的杂货店淘到一把锈迹斑斑的铸铁椅子，作为镇园之宝委以重用。沧桑的铁艺椅子不论春夏秋冬与破败自然的露台形象十分契合，我也对四季更迭有了更深刻的感受。我爱上了秋天的午后，竹影婆娑，微风慵懒。二楼北向的大露台设有休闲区、工具区、聚会区和一个阳光房，周边是茂密的小树林，这里是我独自喝茶看书的地方，没有任何外界的干扰。

我以为花园是家的延伸，是家的补充，不可分割，它有故事吸引人。

适合自己的，才是最好的

　　我也曾痴迷于花园的打造过程，遭遇各种"完美"露台改造方案的夭折，往事已成烟云，浮华历尽才有如今的淡定。最终撑起场子的依旧是那些容器盆栽，没有花坛花池，也没有高大的花架和背景墙，全靠桌椅、门板和杂物堆出的小场景。现在的我果断从品种控里脱身，不再追求奇花异草，力求用最普通的植物搭配出最出彩的效果。我相信最好的安排就是利用好手头现有素材，发挥出它们最大的功效，将平凡之物擦出火花。一个美而享受的花园，应该是有所克制的释放能量。水满则溢的道理同样适用于花园布置，植物的铺排应该相映成趣、

张弛有度，色彩在花园中的运用至关重要。不仅是植物的色彩要和谐统一，花园背景、杂货造型以及色彩调性也要和谐一致。花园背景基调最好自然、和谐、清雅，如果喜欢色彩浓烈，也要色系统一，衬托出植物，避免杂乱喧闹，显得乡土气。

　　花园内容不能一览无余，要有花境，花境要有意境，意境要有气质。我开始喜欢上有线条感的植物，研究如何让它们带动花园的立体感，焕发生机。我果断抛弃了几棵硕大的绣球和月季，把丑陋的塑料加仑盆都换成了陶盆或套盆。既然是容器花园，盆器的选择自然非常重要，经历风雨与岁月的陶盆经典且富有自然质感，高低错落的堆叠，即是点缀也是风景。

花园之于我，是释放了天性中的热爱，陈列了我对生活的想象，它完全属于我一个人，是另外一个我。

在收集杂货方面，根据植物的特点摆布花园的陈设，杂货最好风格统一、切忌色彩繁杂花哨、拥挤，做到疏密有致、舍得放弃、克制留白才是至高境界。松果、藤蔓、干花、镜子、旧门板等都是花园趣味的有效补充，点缀在角落也是衬托花园植物的背景。阳光房、聚会区、工具区、休憩区，这些生活区域的开辟使花园的层次功能更丰富齐全，充满了人性化。它们是花园的亮点与关注点。

虽然偶尔也会因为没有几亩地而感到遗憾，但这些年折腾下来，发现容器花园才是最适合自己的花园表达形式。它灵活可控，可以根据季节不断变换盆栽搭配场景，常变常新，十分养眼。随着对园艺的了解，自己越来越清楚想要什么，不会人云亦云，不再贪恋植物的品种与数量。鉴于露台场地有限，拔高入园的盆器杂货植物门槛，会不断淘汰处理一些不适合露台环境的植物和器物，确保花园背景高度和谐统一。三年的园艺之路让我拥有了自己的专属花园，人生停歇休憩的美好之地。是花园释放了我天性中的热爱，陈列了我对生活的想象。🅱

小隐奶奶的仙女杂货花园

文·药草老师　图·药草老师、迷迭香

小隐奶奶的花园以白绿色调为主，鲜有靓丽的颜色跳出，气质清新淡雅，跟喜欢穿素衣蕾丝的奶奶低调的做派不谋而合。小隐奶奶是掌管这座花园的小仙女，精致的杂货装陈耐人寻味，特别有感染力。

　　小隐奶奶居住在日本埼玉县一条安静的小街上，大型车辆无法通行，要徒步走进去，仿佛在暗示这座花园只有心诚才可以到达。知道小隐奶奶的人不多，可是一提到她家旁边——香草屋花园，才恍然大悟。原来小隐奶奶与在花园杂货界赫赫有名的香草屋奶奶是好邻居，这一定是上天的安排。绿树葱茏，藤萝满墙，很难想象这样两座仙女气质的杂货花园竟然比邻而居。小隐奶奶行事低调，在互联网上几乎找不到有关她和她花园的资料，拜访只能提前预约，在开放时间进行。然而这绝对是一座名副其实的宝藏花园，从花园的入口映入眼帘的那一刻起，眼睛就根本看不过来，处处皆亮点，值得反复回味，细细研究。

风灯杂货女王

　　仙女屋的入口处有三要素：栅栏、陶盆，小邮箱。栅栏是木头的，陶盆是抹过灰泥的，原木做的邮箱加了一个红瓦屋顶，让人忍不住想看看里面是否会有来自小青蛙的明信片。小小的门，小小的尖屋顶，小隐奶奶的花园开放时间并不多，来了可要珍惜每分每秒。

　　小隐奶奶的花园主区域被地势高高捧起，拾阶而上，每一步都伴随着美给予的心灵洗礼，不禁对奶奶肃然起敬。花园从始至终没有一块完整的大片区域，杂货小品是亮点，植物搭配功底深厚，修饰不着痕迹，以至于让观者萌生重新审视自己花园的想法。小隐奶奶最喜欢的杂货是风灯。夜晚的温暖昏黄，白天的摇曳生姿，要说风灯是花园杂货的"一姐"也不为过。

风灯不仅仅可以是灯，也可以是花盆罩，从风灯里探出头的角堇，俏皮又可爱。我们常常会为不小心打破了一边玻璃的风灯发愁，看了小隐奶奶家的设计都想故意打破一面玻璃了。风灯之外，还有马灯，还有古朴又简洁的路灯。佩服小隐奶奶哪里淘来这么多可爱的灯，难道以前是开灯具店的吗？追问之下，奶奶回答："当然不是。"如果收集了太多同样的货品，最好的方法就是用一样的背景把它们统一起来。小隐奶奶用来装点风灯的背景就是绿油油的爬山虎。花园里是绿色为主，但是到了5月月季季节，总有几点亮色。窗前粉色'龙沙'和绿色的铁线莲'绿玉'因为光线不好的缘故，花很少，但是有什么关系呢？正是寥寥几朵，才显得仙风道骨。

对比与呼应灵活切换

从下方再看一眼'绿玉'与'龙沙'的搭配，背后是白色窗格和白色蕾丝的圆摆窗帘。陶泥的水瓶颜色朴实无华，爬上它的薜荔清新动人。根本不需要人为地干预藤蔓植物的生长，就让绿意蔓延，自然发生。如果真要说做些什么使得这一幕加分，高手的诀窍就在于一定要会对比。木隔板斑驳皲裂，薜荔的绿叶间表情迷茫的小天使守护着旁边空空

的花盆，曾经有一株什么花在里面存在过呢？让人遐想又有点失落。凑近了透过窗户看到咕咕鸡陶模型，敦厚朴素的乡村风设计，关键是颜色只有红白褐三色，也就是常说的大地色系，非常雅致。玻璃罩子下小小的橘黄灯，点起来温暖而迷人。

花园里的小门与入口处的大门是同样的款式，木板也是温暖的淡米红色，进而引出高手搭配的第二个诀窍：呼应。小小的园子里挤了这么多东西，但是并

不感到杂乱，除颜色尽量控制在素雅的绿色和白色系，还有一个要点就是植物的状态不能太丰满。比如树木都修剪成高而瘦的骨感造型。如果有实在喜欢的小胖孩陶偶，比如这里开得满满当当的百万小玲，就给它一个单独的舞台，让它一展风姿。

　　小隐奶奶的花园小屋是真的"小"，基本只能容下一个人进去，小屋的屋顶加了两只圆滚滚的烟囱，有童话仙境的带入感，实在可爱。奶油色福禄考，在

国内可以找到同款，心里多少有了些慰藉。日本园艺界最近很流行这样柔和古典的颜色，虽然植物是常见的品种，但是有了这样的颜色，足以让人耳目一新。因为福禄考是浅色，所以配了深色的花盆，盆上还有和福禄考类似的花纹。对于以绿叶为主的花园，绿色太多了会显得沉重，这时候带有白边的叶子就更加珍贵。廊架那一圈圆形的花边柔美而富有童话感，下面悬吊的是一盆兔耳朵熏衣草。

植物与杂货的互动

　　盛开的月季，品种大概是'蓝色狂想曲'。说是盛开也不过五六朵，这基本算是小隐奶奶家最艳丽的颜色。小百里香盆敦敦地坐在旧的瓦檐上，前面还有一只肥嘟嘟的小鸟。围墙边的绣球和铁线莲，淡淡的蓝紫色从绿白背景里跳出来，增添一点活泼气氛，又一点都不刺眼。铁线莲对面是白色重瓣的山梅花和搪瓷盆子里种的麦冬，金边麦冬的新芽清新而秀丽。必须夸夸这盆麦冬，带着金边，竖线条的好东西可不多。正在盛开的紫叶风箱果，暗紫的叶色，粉白

的花色，花开到最后，还是会变成温暖的红色，做起呼应。眼睛扫到可爱的蘑菇石像，发现小隐奶奶家的雕像有一个共同特点：全部都是憨态可掬的。

　　花园小屋的门口摆着大陶罐子、小椅子，让人觉得误入了小矮人的世界。小铁皮罐头盒，放得生了锈，时间让它成为无可替代的装饰品。杂货花园里很多凳子不是给人坐的，而是用来陈设小花小罐子的。特别是有的心爱的凳子坏掉不能坐了，给一盆小花顶着也是凳子的好归宿。杂货花园的铁艺栏杆需要简洁设计，太繁复的欧式古典栏杆会破坏气氛。

小隐奶奶花园布置研修重点

1. 学会对比搭配，弱化人为的痕迹，制造花园遐想，调动情绪。
2. 学会呼应，用色不能太多而分散注意力。每帧画面不能有太抢镜的元素，要均匀输出。
3. 布置讲究凡事不能做得太满，要留有余地，制造回味的空间。
4. 不贪多贪大，但求精益求精，从平凡中找亮点。
5. 任何花园都不可以是摆设，最终要能服务于生活，不脱离现实。

受邀进到室内，拜见了小隐奶奶的厨房，开头以为这么美丽的收藏大概是纯粹摆着看的，但是奶奶说，她每天真的在这里做饭和吃饭。下午茶的香蕉蛋糕边上装点了鲜绿的留兰香叶子，一切都是那么精致又有生活的气息。大概是被蛋糕吸引，小隐奶奶的爱犬小白狗不失时机地跳上了沙发。陪伴仙女奶奶的狗狗从毛色到身材都和奶奶家的气质那么和谐。

不舍得离去，再看一眼美丽的花园，长在大搪瓷罐子里的银叶菊，细细碎碎的叶子，名字好像叫"钻石"。各种细细碎碎的小花，都那么安静地开着，美

着，不自知着。用水泥砌成的小花坛，谁说水泥不沾染仙气呢？重要的是脚下的小草和若隐若现的青苔。种在罐子里的花叶水芹皮实又好看。平凡得不能再平凡的物件，种着常见得不能再常见的小香草苗，薄荷、欧芹、留兰香，随手掐一枝就可以用到厨房里，园艺可以带动其他潜能，烹饪美食就是其中之一。小隐奶奶的仙女花园不是高高在上的艺术装置，拒人于千里之外，它小且不出错，很好地平衡了仙气与烟火气的界线，把精致渗透到每天的日常，唤醒他人内心世界的仙女情结。🌸

南屏山居的白露日常

文／图 · 红子

南屏山居地处徽州美丽的古村落，山居的节气活动从去年开始，选择在春季和秋季的几个很美的节气进行：清明、谷雨、立夏、小满、白露、霜降。前来参加的小伙伴会来山居小住几日，和我们一起做些跟节气有关的事情。我们会带着大家去野外徒步，观察野生植物、赏野花，用野外花材和花园花材做自然风手捧花，在回声花园里享用下午茶，吃着爸爸用园子里新鲜食材制作的食物，用身边常见的植物跟大家分享草木染。

最近一次活动就是刚结束不久的白露节气活动。若对我们为何会选择白露节气不太明白，那么看看小伙伴们在南屏野外徒步，就能感受到她们身处自然中放松、欣喜的心情。白露，真正的秋拉开序幕，野外的景象换了一袭装扮。眼前成片烟粉的蓼花和大片金黄的稻田连在一起，像一杯陈酿的酒。

白露节气正是南屏稻谷成熟之时，一年一次的秋收热闹繁忙。今年提前很久跟相熟的村民约定了一小块稻田手工

收割，手工脱粒，让小伙伴们感受一下农忙。然后学着自己最喜爱的日本电影《小森林》里市子收割稻谷时带便当的情景，请大家排排坐，在收割后的稻田里吃"小森林"便当。这也算是我对喜爱的电影的一种表达方式。

小伙伴们跟着稻田主夫妇一起割稻谷，打稻谷，砰砰砰的声音在安静的山脚下可以传出去很远。天气晴朗，气温也很高，好在稻田主人贴心地在田头支起一把大的遮阳伞给我们休息。有的小伙伴干得很投入，几次唤她到伞下休息都回答说再割一会儿，聊天得知小时候就跟着父母下地割稻子，已经很多年没割了。

中午老爸拎着便当来到田间送饭，大家坐在自己刚刚收割后的稻草铺的垫子上吃便当，劳动之后吃饭香。那天正好赶上中秋节，晚上约了村里七约农场晚餐，坐在田野里晚餐，喝农场稻米做的米酒，欣赏着从山头背后慢慢升起的圆月，许下每天都要快乐的心愿。

初秋的阳光从窗口偷偷进来，温和地洒在小伙伴的裙角，女生们一起整理从野外采的花材，专注面对植物的目光不忍打扰。特邀嘉宾 Jojo 用山居小院里现摘的植物和野外花材带着小伙伴们做自然风手捧花束。大家的处女作清新而美好，一不小心就会爱上。

傍晚四点，回声花园的草坪上，下午茶就要开始了。

下午茶以收获为主题，刚收割后的稻草、邻居嫂子送的南瓜、老爸种的冬瓜齐登场，茶桌铺上柿子染的桌布、用花园里成熟板栗的壳染的餐巾，饮料是用花园里紫苏叶煮的，大家张罗着在花园各个角落里寻找花材，一起动手布置餐桌花艺，完成美美的插花，摆上月饼、水果，点上蜡烛，晚饭后继续在花园里等月亮出来。

除了山野间的活动，我们也想着带大家到村子里逛逛，平日自己眼中熟悉的巷道，在小伙伴镜头里都是风景。我们去邻居叶老师的小洋楼登高望远看建筑，带大家结识平时交往的村里的小伙伴。在村尾溪水边安家的虹就是其中一位，她今年春天开始修她的小房子，一直修到秋天。美丽的石头厨房是从溪水里捡的石头建的，我很喜欢她的溪边小屋，就跟虹说，白露节气在你家门口溪水边做一场茶会吧。虹爽快地答应，做了各种准备，在溪水边请师傅做了平台，还有桌子。

茶会那天，虹把小屋清扫干净，在各个角落插上家门口摘的野花。小伙伴们果然都被虹的小屋迷住了。茶会的主持人，我的好友捂风，是南屏的"新"村民。捂风是真正的徽州人，出生在这里，长

在这里，长大后外出求学工作结婚生子，多年后因思念家乡及家乡的茶园，携夫带子回来了。她从事与自己喜欢的茶叶相关的工作，听说我要办个茶会，默默地帮我把茶会要用的器具——准备妥当，在茶会上泡了她带来的珠兰花窨祁门红茶，她女儿楠楠还为茶会画了一幅可爱的小画。

很开心身边有这样可以一起疯玩一起成长的好朋友。南屏野外植物美，生活也美，但最重要的是这里住着一群很有意思的人。打理花园、插花、染布、外出徒步观察野生植物是山居生活的日常，这一切想要借助节气活动分享并告诉大家：生活本来就很美好。花

Tips

民宿地址：安徽省黄山市黟县南屏村
交通方式：乘机抵达屯溪机场，或乘高铁抵达黄山北站，或乘坐巴士抵达安徽省黄山市。从动车站或机场坐出租车到南屏，车程约一小时，车费价格约为160元，山居可向住宿客人提供常用车主联系方式。也可以自行在高铁站旁的汽车客运站乘坐前往黟县的班车，在黟县县城下车，再转乘出租车或三轮车，大约五公里到达南屏。
微信公众号：南屏山居

那逝去的乡村

文／图·玛格丽特－颜

　　还记得小时候家门口的竹林和池塘，春天冒出很多竹笋，池塘旁一棵歪歪扭扭的毛桃树，花却娇艳得很。一场雨，水面上飘满粉色的花瓣，鸭子们嘎嘎叫着，粗鲁地游过去，丝毫不顾及落花的凄美。更早些时候，家乡池塘的水还很清澈，放暑假的我们拿个木盆下去戏水；那时的冬天很冷，屋檐上挂着尖尖的冰棱，池塘上结着厚厚的冰，小孩们穿着棉鞋小心翼翼地从这头走到那头。村头有很多棵水杉，还有几棵苦楝树，春天紫色的一簇簇小花美极了，秋天树上挂满金黄色的果子。村子外面是大片的田野，沿着田埂往深处走，两旁绿油油的稻田里，青蛙叫声此起彼伏。田埂一侧的沟渠，水很清，水

草茂盛，下去抓鱼虾的时候，总是会担心遇到水蛇，其实没有毒，胆大的孩子一下子捏住蛇的七寸，甩到田埂上，把其他孩子吓一大跳。

　　那时候的乡村是恬静的，没有那么多化肥农药，也没有那么多垃圾，光着脚踩在温和的泥土上，感受到的是纯粹简单的幸福，就像湛蓝的天空飘着洁白的云彩。

　　后来，竹林被砍，变成菜地，越来越多的化肥农药、生活污水被排放到池塘，水渐渐地发绿发黑，塑料袋漂在上面，远远地就能闻到臭味。再后来，池塘被填掉了。前几年回去，连歪桃树也不见了。邻居说，结的桃子不好吃呀！分明记得那些年，我们都还

年少，还一起在树下眼巴巴地搜寻着变色的桃子，用衣服擦一擦桃子上的毛，啃上一口时的甜沁滋味。

我们的孩子已经在城里了，她们没有挖过竹笋，没有见过竹笋拱着泥土冒出来，一场春雨便窜老高的样子；她们不认识春天开紫花的苦楝树，秋天火红色叶子的乌桕。带她们去乡下，那片熟悉的稻田已变成桃林，被铁丝网围着，走不进去，路边总会发现废弃的破瓶子和塑料袋，杂草丛中显得格外的脏兮兮。

孩子们说："我们回去吧！"

回去哪里呢？

这里是我们祖祖辈辈生活的乡村啊，也依旧有很多留在这里继续努力生活的乡亲啊。

这些年乡村的变化其实挺大的，土路修成了水泥路，不再有车子开过扬起的团团灰尘；砌了专门的水泥池来堆放垃圾，环境干净多了。很多污染严重的工厂都被迁到别处去了。那些更偏远的乡村，他们欣喜地接纳迁过来的工厂，期待带来的经济发展，却全然不知即将被破坏的环境恶果。

我只有一个小花园，种了很多花，也种葡萄、黄瓜和青椒。

坐在花园的葡萄架下，我对孩子们说："妈妈小时候……"

她们期待的眼神像极了小时候明亮夜空中闪烁的星星。🌸

上左　日本的乡村，随处可见整齐的菜地。
上右　皖南的乡村，秋日里的景色最美。
下左　乡村随拍 云南普者黑
下右　碧绿的稻田，不禁回想起小时候。——摄于日本近江高岛

文\图·锈孩子

花园来客

纯黄白鬼伞

　　这把"伞"叫纯黄白鬼伞，它撑开的地方，恰好在绣球花的塑料黑盆底孔处，因为是腾空放在花盆托架上，给了它打开"伞"的空间。后来不断有花友晒图，说植物的旁边钻出奇怪的黄色小蘑菇，我一看，都是它。纯黄白鬼伞菌柄上有菌环，周身呈高饱和度的明黄色，妖冶、诡异、玄幻，颜值抢镜。虽然"色艳即有毒"是错误的菌类判断方法，但这把鲜艳的"伞"确实有毒。作为腐生菌类，纯黄白鬼伞总是相中有丰富腐殖质的湿润土壤环境，它和毛头鬼伞、晶粒鬼伞等，是我见过的与园艺花卉伴生的大型真菌中，相当多见的几把"鬼伞"。

盘菌

　　这一堆菌类也是黄色的，但比纯黄白鬼伞小太多，一不留神就错过了与它们的奇遇。一场夜雨，潮湿成深黑色的盆土上突然被谁摆了一堆鲜黄色的小盘子，打算过家家吗？可主人去哪儿了呢？这场景，太童话了！难怪创造了"彼得兔"的英国插画家波特，同时也是一位著名的菌类研究者。这种长得像小盘子的菌，名字就取自其形象——盘菌。只是，这还只是科属名，具体的种名，我尚不知晓。菌类，神出鬼没，非动物非植物，还有太多未破解的神秘之处。

温室马陆

　　因为翻盆换土，一只疑似温室马陆的小家伙从土里着急忙慌地窜出来，身体两侧一堆的腿倒腾着，在盆沿上不知所措地兜圈子。马陆因为那一身的腿，常被错当成同样腿多的蜈蚣。两者区别很简单：马陆除了头下短短的几节身体，大部分躯体的体节两侧各长有一对腿，而蜈蚣是一段体节两边各长一条腿。为此，马陆的生物分类属于倍足纲，和它的俗名"千足虫"一样，都形象地点明了样貌特点。马陆这模样，怕是花园来客里会让人产生视觉不适、惊恐指数较高的小生命吧？别怕，它不伤人，只是安静地待在枯枝败叶之下的食腐生物。想想，没了这些分解者，世界堆满各类生命的遗骸，那才是真的可怕。

蚰蜒

　　球兰的花夜间香氛正浓，正想凑近它怒放的大花球嗅其香，突然一身冷汗加鸡皮疙瘩：有只长满大长腿的蚰蜒大大咧咧的趴在花上！可能每个人都有最恐惧的事物，我对腿特别多的虫类极怵，会产生强烈的心理不适。相信和我有同感的人不在少数。但理性来讲，蚰蜒虽然长相不讨喜，也不是吃素的，却并不伤人。每种生物都有它的生态位，有它存在的价值，虫也不可貌相。蚰蜒的食谱里，相当多的还是对人类和花草有威胁的家伙，比如蟑螂、蛾与蚊子等等。蚰蜒还有一绝招，会自断其腿以逃生。蚰蜒、马陆和蜈蚣一样都喜阴暗潮湿，所以花园里有太多它们的适生环境。和马陆一样，蚰蜒也不是昆虫，但和马陆作为倍足纲的虫不同，它是唇足纲的虫子。🌸

十月花事提醒

文·**晚季老师** 图·**玛格丽特一颜**

十月，高温褪去，天气渐渐凉爽干燥，光照强，早晚温差大。园丁们要撸起袖子开始秋季的花园劳作了。

酢浆草

开始发芽生长。酢浆草喜光照，光照不足容易徒长。含磷钾的缓释肥最利于酢浆草生长，要想酢浆草开花多，多施磷钾肥，少施氮肥。

牡丹芍药

秋季是牡丹芍药进行分株移植的最佳季节。不要在春季移植牡丹芍药，春季牡丹芍药孕蕾开花已消耗掉大量养分，若此时根系受损，植株很难恢复。

铁线莲

立秋前后修剪的铁线莲已经新芽发出，旺盛生长。每十天左右施一次磷钾肥，有助于铁线莲开花。

天竺葵

历经酷夏的天竺葵叶片稀少株型难看，可在枝干出现芽点后，进行重剪。每个枝条仅保留一个芽点，芽点之上的枝条全部剪去。一段时间过后，新芽爆发，将重新焕发生机。长时间盆栽的天竺葵，可结合修剪进行换盆。根系老化的天竺葵还可修根处理，促进植株复壮。

多肉植物

多肉植物进入生长旺季。由于气候适宜，多肉植物的换土换盆、修根复壮，都可在此时进行。九十月也是购入多肉植物的最佳时间。

大花绣球

大花绣球开始花芽分化。每十天左右施一次磷钾肥，有助于增加花朵数量。

播种和买苗

秋天适合播种和买苗。通过播种可以获得想要的花色品种，满足花园的搭配。一些不耐高温的植物可以在天气凉爽后购入，如现在购入玛格丽特小苗，秋冬天就能孕蕾开花。

施肥的小学问

花信「基质伴侣」——优质的微生物有机肥
有机质：>60%（国标要求 >45%）养分：
N~1%，P~2.4%，K~2.5%，强化钙、镁、
硫和微量元素（来自牧草）有益菌：地栽专
用 5 亿 /g，盆栽专用 2 亿 /g 重金属：含量远
低于国家标准，尤其适合家庭果蔬种植。

花信 app 是一款由
发烧花友打造的园
艺 app，致力于整
合园艺资讯和栽培
资料，帮更多人了
解并爱上园艺，使
命是：让园艺温暖
三亿家庭。

尽量少使用化肥

过量的化肥甚至会造成基质的盐
碱化。 如果土壤有机质含量过低和有
益微生物不活跃，根系实际上很难吸
收，降低化肥的使用效果，这也是为
什么叶面喷施比灌根效果更明显。 无
法被植物吸收的化肥渗透入地下水造
成的污染。

微生物菌肥改良土壤

优秀正规的微生物菌肥严格意义
上来说更像偏重于土壤改良、维持有
益微生物群落和促进植物对无机盐(化
肥)的吸收，自身并不含有大量养分。

作为基质伴侣的概念被大量推广，
含有大量的有机物料，用于改良土壤、
给予有益菌群良好的生长平台。

看腻了繁花似锦，爆花的壮观场面，大家逐渐对植物搭配美学持冷静态度，做更深层次的思考。这时候观叶植物脱颖而出，成为植物玩家们的新宠儿，占据各类生活场景。秋海棠即是其中之一，它们拥有超棒的观叶属性，捧一盆细赏把玩，能从一片叶子中窥见星辰大海、浩瀚宇宙，着实有趣，值得入手。

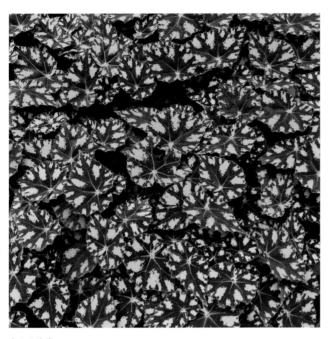

虎斑秋海棠

暗「叶」骑士——秋海棠

文/图·Diego

在自己温暖舒适的小窝里，在精心布置的雅致小店中，在每天见面的平凡办公桌上，谁不想点缀上一些精致的植物，增添一点自然的气息呢？但每每想到多肉植物对光照要求高，在室内难以照料，观赏乔木体型大，兰花对整体环境要求高等等，总是不由自主地打起退堂鼓。最后只好选择一些容易存活的植物，久而久之便失去最初想看到自己心仪的植物能养护出美好状态而跃跃欲试的兴致。

真的没有一种植物优雅且不失美丽，生命旺盛又易于打理，品种多样还能满足各种场所对绿化的设计吗？还真的有，它就是有着"大自然打翻了的调色盘"美誉的秋海棠。虽然秋海棠种类繁多，习性也各不相同，但是不少秋海棠品种对光照、湿度以及温度的要求并不严苛，绝大部分地区都能够进行种植。此外秋海棠拥有丰富多样的叶形，花期长，部分品种花量繁盛，观赏性非常高，一般作为室内观赏植物会选择经典的园艺杂交品种，竹节类秋海棠和部分原生品种秋海棠（如变异秋海棠 *B.variifolia*、铁十字秋海棠 *B.masoniana*、绿脉秋海棠 *B.chloroneura* 等）。

虽然秋海棠并不是一种难伺候的植物，但是要想养好这样美丽多样的植物仍需要对它的生长习性有一定了解：秋海棠喜欢生长在温暖的环境下，其对于光照的要求不高。除此之外，土壤选择、浇水等方面也需要注意。

作者 Diego

曾任职游戏概念原画师，对美有自己的独特看法和追求，同样也热爱动植物，后投身于园艺行业并钟情于美丽的秋海棠，2016 年开始收集并研究。

空气湿度与温度

　　秋海棠对温度的适应能力比较强，大部分园艺品种和部分原生品种能在 10~35℃的温度范围内存活，甚至部分品种（例如'铁十字秋海棠'）能在低至 4℃的室内环境里短暂忍受。在现代室内环境下，还可以通过冷暖气设备对温度进行调节，正巧适宜人体的温度也是非常适合秋海棠的。别担心人工调节室内温度导致室内空气湿度的变化，会影响到秋海棠的生长。其实秋海棠需要维持高湿度的条件才能长好是大众对有些品种生长在雨林环境印象上的误区，在根系良好的状态下，秋海棠喜欢通风良好的环境，它们会长出适应当前环境的叶子。反而一直在高湿环境下生长的植株，叶片更薄，移动到外界后，环境变动大，更容易出现叶子干枯的现象，进而影响外观。

光照

　　秋海棠几乎不存在许多绿色植物在室内因光照不足而导致的病变甚至死亡的问题。原生地里的秋海棠大部分生长在林下、岩壁，甚至是洞穴口边缘，它们演化出了独特的叶绿体光子多层结构，能增强光合作用的效果来应对阴暗的生存环境。而通过杂交选育出来的园艺品种秋海棠也继承了这一特性，使得它们相较于其他植物更容易在光照不强的室内存活。

　　通过长期观察测试发现，在光照度 900~2000LUX 的条件下，光照时长达到 8~12 小时，秋海棠就可以健康生长。一般室内靠近窗户的位置完全可以满足秋海棠生长的光照要求，即使没有直接的自然光，一盏 LED 灯也能满足它们的胃口。

绿点秋海棠

原生环境下的蛛网脉秋海棠，由 Diego 摄于广西大新。

配土

若用不透气的介质种植，秋海棠的根只会长在跟空气接触最直接的盆子边缘，而且数量不多，浇水过多容易闷根。

介质

在自然界里，秋海棠的根系非常细，能深入到各种缝隙里获取水分，它们扎根在林下腐叶层、陡峭的岩壁，甚至是树干上。在这种环境下进化出来的根系非常喜欢具有充足氧气的环境，所以适合秋海棠种植的介质一定要具有良好的透气性。轻石和树皮是很好的颗粒性介质，质轻又便宜，用泥炭、轻石、树皮以 1:1:1 的比例混合就可以调配出适合秋海棠种植的介质（如果种植环境水分蒸发比较快，可以适当增加泥炭或者其他保水性强的介质比例）。

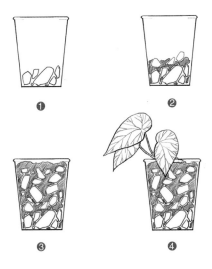

① 放入大块泡沫或轻石之类的材料，用作盆底疏水。
② 倒入混合好的透气性好的介质。
③ 每层拌入大颗粒的材料，维持盆内良好的透气性。
④ 将秋海棠种下，注意茎部不要被埋即可。

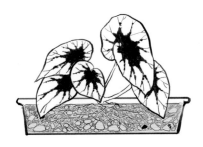

在大颗粒材料的帮助下，空气可以充满在盆子里，秋海棠就可以自由扎根，很快就布满了整个花盆。（对于匍匐生长的秋海棠，口径大的浅盆子更适合它们。）

插画 • Diego

水分

在人工养护环境下，秋海棠不耐涝，适合见干见湿的浇水方式，主要原因有以下几点。

（1）长期潮湿的介质容易滋生细菌。秋海棠体内含水量较大，而且原本喜欢生长在阴暗背光处的它们会因为水分充足而快速生长，甚至徒长，充满水分的组织很容易被细菌感染分解，尤其在夏天高温时期，频繁的浇水让很多首次养护秋海棠的朋友尝到了挫败感。这也是很多秋海棠玩家一开始接触秋海棠认为它是雨林植物需要高湿喷淋闷养的误区。

（2）长期湿润的介质不利于根部的空气交替。植物根部需要有氧呼吸，而且秋海棠的根部尤其喜爱充足的氧气。水的表面张力包裹在根的表面使其与空气直接隔绝而缺氧，这时根部进行无氧呼吸又使乙醇堆积毒害根系，最后根系因无法进行有氧呼吸而死亡。这也是选择水分蒸发快、根系接触空气面积大的大颗粒型介质的原因之一。

（3）干湿交替可以更好地促进根系发展。植物的根系会主动去寻找水源，长期湿润的介质养出来的植物因为不受缺水的影响，通常根系都不发达，而植株根系不发达，对环境的适应能力也会变差，容易生病。

绿脉秋海棠

秋海棠是大自然的宠儿，那五彩缤纷的颜色、奇异多样的叶形、茂盛蓬勃的植株，总是取景框中让人浮想联翩的故事主角。且就顺着彩虹为它浇水，然后选一诗集，待其散叶迸发，满地落花。

温暖如菊
——菊花的装饰新玩法

文 • Chris　图 • Just Chrysanthemum（Justchrys.com）

以往印象中的菊花总是不惹眼地开在路边，出现在植物园举办的一年一度的菊花展上，或是被定义为清明悼念逝者的专用花。然而，菊花也有不太为人熟悉的另一面——对家居布置的贡献。它褪去冷冰冰的形象，跟众多花材、植物搭配，装点出漂亮的室内户外空间，刷新人们对它的固有认知。

流光溢彩
花材：各色菊花 + 木质模块

温暖的居室内，由菊花串起的"流星"
划过，夹杂阵阵幽香。菊花可以结合木
质串珠制作成装点家居环境的饰物，即
使维持的时间不长又如何？它们俏皮浪
漫的一面已经印在眼中，记在心里。

花好月圆

花材：菊花 + 针垫花 + 仙人掌 + 袋鼠爪 + 空气凤梨

挣脱传统寓意的束缚，挖掘菊花百搭的潜质，将其与其他花材自由组合。
上能搭得了袋鼠爪，下能配得了空气凤梨，插花的手法同处理其他花
材一样，一架装满清水的小管子，略微凹下造型，梳理花材之间的密度，
一幅鲜活的作品就跃然眼前。给这一季的居室带来璀璨如菊般的光彩。

好花配好茶
花材：菊花 + 绿叶点缀

干燥的秋季，且泡上一壶菊花茶来润润嗓子，茶盘旁边再配上具有传统手工艺特色的竹编制品，盛装鲜切的菊花。就着花香喝下去的这杯茶定会滋润加倍。

开门见花
花材：菊花 + 苔藓

菊花可以和你寻寻觅觅淘来的杂货擦出火花。瞧，做旧处理的老门板被菊花和苔藓衬出清爽新维度，同时给出更多装饰新思路，比如尝试跟旧相框、画框、板条箱等一起造型，或是作为餐桌花艺愉悦早餐、下午茶时光，而它的实现只需要尤加利、百合、蕨叶和淡淡的菊花。

平凡是真
花材：菊花 + 豆角 + 蒜苗 + 花葱

菊花与蔬菜的跨界搭档可谓画面和谐，绿油油、水灵灵的豆角、蒜苗替代花艺中的剑山充当起支撑菊花绽放的"沃土"，麦穗和花葱又深化了画面的唯美效应。回家吃饭是最真实的生活轨迹，哪怕家里准备的是粗茶淡饭，一如菊的平凡。

野餐 "菊" 会
花材：菊花＋绣球＋旱金莲＋青葙

加入菊花点缀的野餐宣告了季节的主题性，带去焕然一新的画面感。外出野餐记得携带一些插花用的小瓶小罐，或者就手边的容器，带着从花园里采撷的鲜花、绿叶，随手一插，野餐会的格调显露无遗，又是一场值得记忆珍藏的野外时光。

密林晨曦
花材：菊花 + 观赏草

花园里的盆栽小景也可以有菊花的加盟，将去叶的菊花枝插入盆栽的鹅卵石层，艳丽的花镶嵌在高挑的草丛中，像密林里闪耀的钻石，或者简单地将去茎干的菊花直接漂浮于水景盆里，随秋风撩拨轻舞。

Tips 菊花的越冬养护

第一次霜降一过就是给菊花做越冬准备的信号，修剪地上茎秆，保留约8cm长度。在植株周围覆盖厚厚的一层稻草或碎木块，保持土壤恒温。如果没有赶上秋天地栽菊花的最好时机，可先将它们保存于室内越冬，找个相对冷凉昏暗的地方，比如地下室，每周浇一次水直至春天菊花结束休眠期。

寄情山舍

——一花一叶，一菜一羹

文·石头艳　图·吴永乾

初见山舍，就被这些如花似叶的木质餐具触碰到内心深处最柔软的地方。在快节奏、外卖、一次性餐具充斥的日常，山舍的器物又唤醒了我们的一些记忆。这些记忆是温暖的，被渴望找寻到的。它安抚着我们的心从躁动不安中静下来，重新审视生活的状态。

麻叶

墨石系列

吴永乾，山舍艺术设计工作室创始人，出生于木匠世家。

延续温暖的老物件

吴永乾是个怀旧的人，父亲、叔叔、伯伯都是将近三十年的老匠人，对他的影响很深。上学时，每逢假期吴永乾都会到父亲的雕刻工坊里帮忙，这段经历为他后来从事传统雕刻事业的审美和技法打下了基础。

擅长绘画的他先是进入武汉理工大学学习动画，后来又到美国旧金山艺术学院学习插画。取得了旧金山艺术大学（Academy of Art University）的艺术硕士学位后，吴永乾没有被近在眼前的大千世界所迷惑，他毅然决定回到自己的故乡，专注于祖祖辈辈从事的传统木雕工艺，在家族老本行里发掘美的足迹。

有一次回老家湖北大冶乡下探亲让他记忆犹新，奶奶家几件常用的木器引起了他的注意，"别看它们不起眼，但那份朴质、内敛，在与人相处后所呈现的温润，是其他任何东西不能比拟的。"他默默下定决心要把这份温暖延续下去。

2013年底，吴永乾回国后创立山舍艺术工作室。他说："山"代表大自然，"舍"是人类文明的作品。合起来"山舍"是人与自然的对话。古代文人山水画中常常会看到山间水旁不经意的角落，画着一座小亭子或茅屋，"山舍"的LOGO（标识）正是这寥寥数笔的茅屋。而这小茅屋也是古人与大自然之间的精神桥梁。作为一个非常喜爱观察和思考的设计师，吴永乾发现，即便在快节奏的今天，人们对自然的热爱也从未消减，山舍就渴望通过日常器物带领都市的人们走近自然，感知大自然的美。

让吃饭变成最有诗意的事

吴永乾的创作大都从生活中来。"山舍"的每个系列作品的源头常常都只是他对家乡的一份依恋，或是一段美好童年回忆。比如，墨石系列作品的灵感就来自对家乡溪水的童年回忆。吴永乾说，"圆溜溜的溪石和阳光下溪水底的光斑是家乡最美的诗句。我想用木作的方式，最朴实的语言去表达它，将它融入我们的生活。"

制作糕点木模的灵感来自奶奶家祖传的老糕模。记得儿时，每逢佳节一家人聚在一起制作糕点的时光是很美好的，各种花形的模子还有各色的糕点，节日因此变得格外美满幸福，它们无不表达着我们对生活的热爱。吴永乾将旧时的题材重新设计，希望能让使用者找回那份美好的厨房时光。

匠人吴永乾寻找灵感的方式基本上是回乡下和爬山，吴永乾和他的小伙伴称之为"下乡淘宝"和"上山淘宝"。

荷系列

去乡下会收集一些民间器物，有时也能认识几个民间老艺人。上山则是采集各种植物和果子，有时也可能是昆虫。由此创作得来的所有木器作品就显得格外质朴而细腻。

吴永乾的作品中，"花"的元素用得很多。因为中国传统民间艺术就是非常喜欢花的元素，花开富贵，中国人喜欢荷花、梅花、菊花、牡丹花……这些花都表达着人们对生活的热爱，民间工艺中这样的表达也是最直接最真诚的。莲花一直是中国传统木雕工艺最爱表现的花卉之一，它承载了太多美好的祝福和寓意，吴永乾抓住莲花造型中最动人的特征，将传统雕塑技法运用在其中，并呈现出一丝现代的视觉美感，灵动而自由。如今城市的现代生活让国人与这些自然事物疏远了一些，但人们内心是渴望亲近自然的，吴永乾希望通过这些木器能提供些许慰藉。

秋山全家福

　　秋风过，黄叶落，满地碎琥珀——秋山系列给人就是这样一种感觉。吴永乾经常回到乡下的爷爷家，同爷爷在秋冬季节去山上捡柴火，收集好看的叶子。广玉兰树叶、山茶叶、斛树叶、麻叶，秋叶的美让他着迷。任意卷曲的线条，变化莫测的斑纹，风霜留下的残缺美，都成为他刀下的主角。各式各样的树叶形状，都成了餐桌上妙趣横生的餐盘，捧在手里，仿佛捧着一小片森林。

　　从小与木头打交道，吴永乾懂得木纹和质地才是木器的灵魂，所以别人做木器用打磨机来造型、抛光，而吴永乾却完全用刻刀一寸寸地刨出木器造型，然后顺着木纹的方向，一刀一刀雕出来。他用砂纸代替打磨机，除了器物的底部，全部以纯手工完成。他要的是那份手工做出的温和质感，一触碰即懂的感受。只希望我们在每日一家人围坐用餐时，山舍的"木叶"能托起我们的一菜一羹，给我们的生活寄予美好的祝福。⚘

烛台花环，
点亮生活创意之光

通过花艺的手法为普通烛台加些不一样的创意设计，给用餐时光带去清新与愉悦之感。

作品配色

花材：大飞燕 3 支、蓝星花 7 支、海芋 5 支、木绣球 4 支

步骤：

1. 准备大、小托盘各一个，可以是餐盘。
2. 将小托盘放入大托盘中，在小托盘周围摆好花泥，并用铁丝穿好固定。用铁丝穿花泥可以防止花泥跑位，便于作品的搬运和观赏。
3. 以三角形布局的方式向花泥中插入木绣球。
4. 在木绣球的周围用组群的方法加大飞燕。
5. 将木绣球的叶子剪成短枝。
6. 花泥仍裸露的部分插入叶子，遮挡部分花泥。
7. 继续向作品中加入曲线优美的海芋。
8. 把铁丝折成 U 形，将海芋的花茎固定在花泥上。
9. 最后，用蓝星花和干枯的苔藓填充作品空隙，插花部分完成，向小托盘中倒入清水。
10. 将蜡烛摆在托盘的中心，作品完成。
11. 用两个盘子完成一件清新的创意之作，置于餐桌上，为平凡的生活点亮更多创意之光。

花艺师介绍　曹雪

80 后"时尚派"花艺设计师、花田小憩 – 植物美学生活平台创始人、美国花艺学院认证教授、国内众多先锋派花艺师的导师、众多明星名人婚礼派对和宴会活动的设计者，被誉为"当代花艺界的魔术师"。

秋日流香

百花谢幕的秋日，一抹蓝色足以驱赶燥亮沉闷的日子，撒播曼妙的色彩。飞燕草轻盈摇曳，搭配向日葵的橙黄，让舒畅的气场迅速蔓延，呈现出大自然的舒适惬意。

花材：圆叶尤加利适量、飞燕草 8 支、向日葵 5 支

步骤：

1. 选取干净圆润的花器，向其中注入 2/3 的水分，确保花材后期新鲜水灵。

2. 对向日葵进行处理时，保留花盘下方的叶子，再去掉多余的枝叶，令花材的整体呈现自然大方。

3. 将向日葵修剪成花瓶高度的 1.5 倍左右，花茎底部修剪成斜切状，以利于花茎吸水。

4. 花盘较大的向日葵要稍微降低些，保持整体的和谐，花茎在花瓶中呈十字交叉。

5. 圆叶尤加利具有自然弯曲的动态之美，将它随意地插置在向日葵周围，保持花材间关系的均衡稳定。

6. 根据整体构图，将飞燕草以高低相错的方式补入作品较空的位置，令构图呈现更加丰满，突出自然风情的主题性。

7. 作品完成。黄的向日葵、绿的尤加利、蓝的飞燕草，三色相衬相悖，所凝聚的爆发力犹如一股清凉的小风拂过，美不胜收。

TIPS

1. 作品以黄色的向日葵作为基准色彩，通过飞燕草和尤加利的感染令作品呈现更具清亮质感，营造出大自然的盎然之意。

2. 飞燕草的花语是清静、正义和自由，原产于欧洲南部，中国各地均有栽培。

3. 向日葵的花语是信念、爱慕、忠诚，象征着沉默的爱，原产地北美洲，中国甘南地区种植最多。

4. 尤加利的花语为恩赐与回忆，主要产于澳洲，有较高的药用价值和观赏性。

未卜的乐趣，柿子染

文/图·红子

我爱柿子染出的颜色，太阳下暴晒，越晒越深。染液的不均，光照的不匀，都会给染品的定型制造无法预知的变化，这也是柿子染的好玩之处，多一份期待。我喜欢这份不去刻意，不去设计的期待，让天上的云、地下的树来决定布料的纹彩，不知道将会赐予我一块怎样的布。

我是红子，和先生小可以及两只狗狗、一只猫咪一起生活在安徽乡下南屏的古村落里。我们喜爱园艺，有两个花园，山居是我们的家，同时也是一个有五个客房的小民宿。平时除了接待客人，打理花园，我还喜欢用身边的植物染布。去年就尝试着用花园里结的柿子染了一块布，并手缝成一个布包。

上左　柿子染挎包
上右　穿着自染的裙子到野花田里去采花。

　　今年去日本旅行，有人看到我背着柿子染的手缝包，很是喜欢，私下问我能否定做同款的包。旅行回来后我便翻出之前做沙发套剩下的一整块布，用从去年夏天存了将近一年的柿子汁染布。7月盛夏，白天阳光炙热，人和植物不必说都感觉暑热很不舒服。柿子染与其他草木染相比，需要经过阳光晒才能透彻地着色，也因如此，每天起床后看到外面的阳光，心里想着今天的柿子染布又可以好好地晒太阳了，顿觉盛夏的阳光变得有些可爱。

　　晒好了布，清洗后，量了尺寸一共够做三个布包。小可看上我做的包，于是就用剩下的边角料拼布也给他做了一个背包，正好遛狗时里面放些常用小物和狗狗的牵引绳。

　　在乡下度过了几个夏天，慢慢悟出衣服穿着舒服才最重要的道理。样式颜色简单就好，有了布，衣服可以摸索着学着自己做，或者找一个手艺信得过的裁缝。我请了裁缝给小可做裤子，给朋友定做了姐妹款的裙子。小可的裤子用柿子染了色，着色不均匀的地方反倒形成自然好看的纹理，傍晚出门遛狗时穿着我独家定制的裤子，背上柿子染的背包，看起来是那么协调入画。姐妹款裙子染好后，我们穿上到野外徒步，

美美地拍了一组大片，就算是我的柿子染衣服作品秀吧。

　　今年在为山居的白露节气活动做准备时，我曾在朋友圈提到想为活动染布做茶席布的想法，需要染出茶具包和下午茶桌布，可能花园里自产的柿子不够用。后来我惊喜地收到大大的包裹，打开一看里面全装的青柿子。原来是小满节气活动嘉宾合肥的莫奈老师，还有谷雨节气活动的小伙伴北京的李工姐姐各自给我寄来的"援助物资"。感谢大家，我简直太幸福了。

　　这些柿子染做的小物件，活动时都派上了用场。好友捂风帮我收拾茶会用的茶具

时夸我做的茶具包很实用，因为所有的茶具竟然都可以塞进里面。我当下决定，白露节气活动的最后一个体验环节，就是跟大家分享我的柿子染手艺。初秋的山居小院里，有人负责在一旁积极地切柿子，有人负责在板栗壳煮的染液里染餐巾布，有人则在屋里为我剪成小块的柿子染布量尺寸画线。大家在等染好的餐巾布晾干的时间里也没闲着，各自手缝自用的单人茶席，我拿出春天做的红茶给大家奉茶。

　　秋意正浓，早上起床觉得光脚已有些冷了，该琢磨着给自己染几双袜子还有围巾，为添衣做准备。🈁

上左　柿子染手提包

与其深山问道，不如花间修行

文／图·朝颜

有人以为我们是返乡的高知，其实我们是地道的农民，正宗土著。有人以为我们是搞艺术的，其实我们的工作和艺术一点不沾边。有人以为我们是隐藏的土豪，其实我们的经济水平在村里只是中等。我只想说，我们，是最普通的人，我们能，你也可以。眼跟前儿的日子才叫生活。生活一直很美好，它是在你放弃的那一刻，才忽然变得糟糕的。

—— 朝颜《向往的生活》

　　我，是一个乡下长大的野姑娘！春天会流着鼻涕和小伙伴去还没有解冻的河里面薅发白的芦花杆子；夏天在大人午睡的时候，拿竹竿洗点面筋去粘聒噪的知了，或者拿着爷爷的老花镜在阴凉处找个蚂蚁窝蹲点儿；到了秋天去摇白杨树的叶子，穿上一大串拖回家烧火，去地里挖地瓜，扒一个土窝子，放点玉米秸点火烤着吃……

　　爸爸妈妈家里排行老大，所以我下面就会有跟我年纪相仿的小舅小姨，他们会带着我去野。我是那种带出门就会打遍天下的小孩，身边人都把我当野小子看。我从小聊得来的只有老头老太太小屁孩儿，还有我好多好多的哥们儿。

　　那时候我家没有花园，但十里八村都是我的地盘儿！哪儿的果园篱笆有漏洞？哪片地里长出的玉米秸最甜？大河湾边儿哪棵野虬曲的老柳树下有枯洞可以藏东西？我都了如指掌。父母也没有严加管束，我便如乡野四处盘绕的藤蔓，放肆生长，恣意妄为。从小脑子里满是异想天开的梦境，总想着跑到云雾缭绕的山里，被一位白发仙翁捡去做他的小童子，穿着粗麻布衣裤，扎个童子髻，一老一少，每日采药研药，种花修道，打着瞌睡在蒲团上念经，在昏暗的烛光下写大字，与山里的精怪野兽打交道，无聊时跟在他身后出山云游，五湖四海超度沉沦欲海的凡夫俗子，找点乐子耍。

　　可能"70后、80后"的童年都是这样度过的，但是我想说的是，我现在"奔五"了还是这样。小时候会披着床单对着镜子，点个鹅黄，冒充小仙女。现在染完布之后，我也会披到身上对着镜子猛鼓捣。小时候想给老仙翁当小徒儿的梦想也没有忘记，每次出门总巴望着从玉米地里窜出只毛茸茸的不明生物，会不会有受伤的猞猁跌落在我家的院子里，或者院子里的奎木狼君在某个月夜幻化成美男子……

　　都说家是自己灵魂的模样。我家是鸿蒙初始，因为我这个主人还是混沌未开。不怕你看到我家顶棚不是直的，墙不是平的，没有踢脚线，也没有天花板……四年前，当

这处胚子房放到我手里的时候，我跟我老头说："我想要一座山洞，我要在人间造一处须弥境，本仙子要在此处修炼。"

经过好多辛苦和波折，于是我们便有了一座洞府——花照观。这房子是我和我老头自己设计，找工人来配合施工的，只此一处，无法复制。

我是那种能待在野外就不回家，能待在院子里就不回屋的性子。所以我的屋子里面各个角落都放满了植物。把花草养在屋子里，让它们远离了真正的太阳和可以无限扎根的土地，觉得它们跟我一样受了委屈。所以我只养这个环境下能长得好的植物，不求稀有，不求珍贵，只求旺盛。只能尽可能地模拟它们原始的生长环境，根据它们的生长特性做简单的向阳喜阴的划分，家里随手可见的普通品种有绿萝、天门冬、龙骨、彩叶、多肉植物、香草和干花，经过草编花盆、陶土坛子、藤凳、木桩的搭配，便赋予了乡野特有的情致。

北窗下放了羊齿形蕨草和剑叶的虎皮兰，再放一盆大叶茉莉，一篓闲书，一方蒲团，就是一个禅意的读书角。把和孩子散步采回的竹枝插在小泥缸里，待绿色慢慢褪去，那竹枝枯黄色的纤影往上，延伸至深褐色尤加利和浅土色菩提的叶子，便如同连接了冬春之交，四季轮回。

卧房用拱门异形做出古代的洞房，浅黄色竹竿和纯白色镂空床幔，粗面胚布床单，纯白色的竹节棉被套，堆叠的针织蕾丝抱枕，用深浅不一、质感纹理不同的白色打造了一片纯洁浪漫的私密空间。床头的菩提树叶、波西米亚挂毯、枕头里塞的干艾草、熏衣草口袋、窗口彩灯上挂的端午节药草包、床头的喜马拉雅盐灯，还有拍掸被子的藤如意、蔺草地席，这些自然元素的加入，都让卧房空间散发植物微弱却无处不在的安定气息，贴近土地的力量，温暖、平和、从容、治愈。

南窗台下藤草垫上放了多肉植物，有可能是我许下的愿应在了它们身上，多胖的"肉"到我家都要

减减肥。上方垂挂了风干的绣球花和乡下特有的山木楂花。秋海棠特有的紫黑竹节枝桠配着叶片厚实的橡皮树和株型散漫的春羽,高低错落,刚柔互补,打造出一个静谧的冥想空间。当晨光照过垂悬的干花,隐约的蕾丝花影投进卧室的时候,起身,挽发,盘坐蒲团之上,轻敲颂钵,余音震颤,心,随回音一起扩散游荡至无涯宇宙。

找一卷棉绳随便拉一拉,做一方简单的捕梦网,把孩子喜欢的香包、铃铛、瓷器、烛笼挂起来,再用细竹筒串联,与镂空花砖墙形成一体,便是一个隔而不断的屏障。书架是自己砌的,本来要更歪歪扭扭一点。老头说,技术有限,再歪,

再歪就塌了!嗯,好吧,凑合歪一下吧。

住在乡下几乎就实现了大半个切花自由,只需随手一薅。花开一支就可抵几日尘梦。"主妇的天下"是个一日三进三出的战场。窗前置一方小桌,两个坐垫,几个杯盏。等一锅汤开的时间里两人吃着瓜果喝着清茶,闲聊几句家常,隔着花香与茶香,细细思量对方的眉目。这烟火之地,便有了浪漫的气息。这世间有几人有纵马的江湖?多的是一饭一蔬的厨房里从不出口的爱。

工作室因有一大天窗,名曰:天光洞。这里也可以开辟一小块儿休息区。被植物的气息围绕,坐在

靠垫上等油温降下来的空隙做点小手工。看看帘外花开满院,抑或听秋风飒飒,水流潺潺,这样做出来的东西充满了手作的温暖和时间的记忆。

当人类找到山洞,开始穴居生活的时候,只是为了遮风避雨,冬暖夏凉。农民不离开土地,孩子不远离父母,身体不远离食物,人人都有一方天地。上顶天,下接地,感悟四季,过顺应天时的生活。天地孕化,一阴一阳,孤阴不生,独阳不长。只有找到与植物的相处之道,能量平衡,世界才会大和谐。若懂得这个道理何必深山问道,在这花草间也能修行,道法天生自成一派。🌸

朝颜式隐修生活小建议

（1）人与植物和谐相处。 作为主人不能"霸凌"植物，不能因为叶子长得好，适合某个场景就把它安排在那里。了解植物的生长特性，进而为它选择适合的光照和位置。

（2）利用自然材质营造治愈系家居。 使用竹竿、苇草帘、草编花盆、旧陶缸、原木桩、藤凳、草编篮、纸筐、麦草袋来收纳和搭配植物。自然的材质和色调，会让人如同置身原野般放松自在。

（3）枯枝干花皆可搭配。 秋天菩提树落下的叶子、山上采回来的山木

槿花、修剪下来的紫阳花、尤加利的叶子、散步捡回来的枯枝都可以随手安置。

（4）手作小物点缀其间。 毛线缠绕的小球灯、简单的波西米亚挂毯、绕线曼陀罗，甚至是夏日遮阳用的草编帽、蒲草扇，这些随处可见的简单美好的手作小物都可以体现你对生活的热爱和用心。

（5）利用植物能量补充气场。 每一种植物都会散发它特有的气息，而这些自然的气息可以净化家居里面因为环境密闭所产生的浊气，补充正能

量场。比如说艾草做的枕头、药草做的端午香包、装满熏衣草的小袋子，院子里收割的香茅、百里香、迷迭香塞的抱枕。

（6）最大化吸纳植物的正气。 植物的利用可以细化到生活的各个方面，衣食住行皆可。迷迭香浸泡的护发油、香茅甜叶菊花茶、金盏花油做的皂、圣约翰草浸泡的护理油、靛蓝染制的床单、茜草染制的长袍、葫芦做的果盘水瓢、整条丝瓜做的沐浴棉、无患子制作的酵素洗碗液、桂花做的洗手皂等。

花艺篇：
春夏有「秋」

文 · **阿桑** 摄影 · **纪菇凉**
花艺造型 · **阿桑**
场地支持 · **南京春夏农场**

　　到了秋天，在农场的生活转眼将近一年。见过农场的四季，从春夏的希望到秋冬的沉静，就愈发热爱这秋，尤其期待深秋的模样。大片红色与黄色的野草树木交接，湖边的芦苇，若是经过，风一吹，心荡漾，会让人由衷感谢自然的馈赠。

　　此刻的秋，眼看着周围一点点颜色的变化，又请叔叔阿姨来翻了地，锄了盛夏疯长的野草，大概今年深秋的农场会没了往日率性的风吹草动。这有悲伤的部分，从盛夏里挣扎过来的生命，那是颓败又旺盛的交织。餐桌上可用的花变少了，也只能安慰自己，今年的秋播要把这片那片都播了，做草甸子，做乡舍花园计划，明年我们就有不少的野花野草可以用呢。

　　农场里来了客人，为了安慰自己，从花市买了鲜花，担心全是草的尴尬局面。可是当芦苇和地榆，手里再有一把地里捡来的野草，顿时就知道了心里的偏好。这一年大自然对自己的影响已留下印记。忍不住要分享，所谓的自然美：采一把野花，就可撑一整夜的梦。

花材多取自农场上的野花，大自然的馈赠。

再过一个月，坚持"四季餐桌"也就走了完整的一年。这一年里，助理姑娘们从不停地问我："桑老师，下周课程用什么花材"，逐步到："桑老师，明天上课我们用什么花材"，直到现在："桑老师，你看这草，待会儿课堂上可以用呢！"初秋的元素，选了令人心荡漾的芦苇、大大小小的野花，因为芦苇的加入，瞬间也变得更可爱和油画质感。

四季餐桌美学，最想说的不是餐桌，而是自然与美。在餐桌设计里，再正常不过的理解便是餐食，我常常说它只占10%，而四季自然的色彩搭配与自然环境的空间选择则占了80%。餐桌除了吃饭，也是重要的交流空间，周遭的环境空间是否可以舒服愉悦，直接影响交谈的气氛。

芦苇、玫瑰、尤加利、翠珠、百合、落新妇、蕨叶，和不知名的野草。

有一个核心设计原则叫"第一视觉"，例如，若想让今天的客人看看春天里一走
廊的紫藤，那就在紫藤树下落座茶饮。若希望客人看到爬满树的野蔷薇，那就落座在
大树下。若是希望客人感受到冬日里的静谧，那就落座在湖边，喝杯热茶，看水波阵阵。

秋天，没有更多想说的，就是靠着窗，嗅着风，看芦苇摇曳，喝茶聊天，最好。

若你爱席地，则席地，若你爱摇椅，则摇椅。

派对篇：
乡舍聚会

文 · 阿桑　摄影 · 纪菇凉
花艺造型 · 阿桑
场地支持 · 南京春夏农场

秋天舒爽的天气，正适合把聚会搬到户外进行，无拘无束，载歌载舞。

　　入了秋的农场，小屋前的花园已经输给了盛夏，没了脾气，来了新朋友可不想只是在室内招待，怎么也要在户外让大家感受秋天，不想错过这个瞬间，再等一年。于是从树林里找来栾树，干干净净地处在造景的芦苇丛里，摆上木板子，带上水果餐具，拉上灯串，迎着对面的夕阳，等着夜幕到来，把周围小木屋的灯光全打开，天南海北，欢唱几曲。🌸

大西洋藏得最深的秘密——亚速尔群岛绣球花海

图文：Sofia

第一次踏上亚速尔，那些美得不像人间的火山、湖泊和瀑布，以及淳朴热诚的人民给我留下了无比美好的印象，而一个偶然的发现更是让重返亚速尔的念头在我心里深深扎下了根。

让我一直念念不忘的正是遍布全岛的绣球花——绣球夹道的乡村公路、天地之间分界的绣球篱笆、高山上神秘冷艳的湖边绣球——都促使着我一定要在花季再次回来看看。我好奇这片美得像仙境的小岛被绣球花覆盖的季节会是什么样子。

午夜的机舱内幽暗沉寂，我已经在大洋上空飞行了两个多小时。抬眼望，窗外无边的幽暗中赫然出现一小片灯光，灯光越来越近，越来越亮，渐渐可以看清岛屿的轮廓，我知道，我终于又回到亚速尔了。

左页 法亚尔岛，奥尔塔城俯瞰
右页 《孤独星球》旅行指南将亚速尔称为"另一个伊甸园"。

第一站——特塞拉岛

　　亚速尔群岛共有九个岛屿，绣球花本不在我停留首站特塞拉岛的期待清单中。可是在乡村公路行驶途中遇见绣球的惊喜却盖过了本来的观光计划。想不到特塞拉也有很多绣球！有时，道路两边是参天大树，茂密的树冠交织成绿色长廊，透过浓阴洒向路面的光线变化莫测，那些绣球就静默而热烈地绽放在树阴之下，柔媚的花球与沧桑粗壮的树干形成鲜明对比，为绿色长廊增添了几分深邃幽静的氛围；有时，公路两边是一株接一株的绣球无缝连接成密密的花墙，就这么轰轰烈烈、平铺直叙地一开就是几百米。大洋中央气候不稳定，那天有时浓时淡的雨雾飘荡在这些花墙之上，车行其间如穿行仙境。

　　特塞拉的绣球是一份意外惊喜，美中不足的是那里的绣球只有少量淡蓝色，大多是白色，过于清淡了些。要看蓝色的绣球，传说中的最佳目的地是法亚尔岛。法亚尔岛在 20 世纪 50 年代经历过一次火山爆发，土壤特别肥沃而且偏酸性，所以据说绣球花开得特别茂密而幽蓝，法亚尔也因此得名"蓝岛"。有趣的是，我在法亚尔却并没有去看绣球花。

第二站——佛洛雷斯岛

　　到了绣球花名气最大的法亚尔而不看绣球，我自有理由。记忆中，佛洛雷斯岛的绣球规模比法亚尔更大更惊人。这座欧洲最西端的岛屿地处大洋更深处，只有三千多居民，以变化莫测的天气状况和神奇秀丽的自然风光著称。位置和气候的原因导致佛洛雷斯岛的游客比特塞拉和法亚尔的要少得多，于是铺天盖地的绣球花就跟它鲜被人类打扰的自然一样，成了大西洋藏得最深的秘密。

　　如同两年多前一样，行驶路线跟上次一样。路，还是那些路，景，还是那么仙，不同的是"景"上已添花。穿过山野的公路车辆稀少，路边绿篱全是绣球，遇到三岔路口，无论向左还是向右也依旧是夹道的绣球。道路之外，绣球花的蓝色篱笆把田地分成大大小小如棋盘般的方块。田地之外，在各种野生花草灌木乔木蓬勃交织难分彼此的原野上，也有密密匝匝的绣球花在绿色之中开出左一大片右一大片的蓝色来。向导说，道路两边和田地里做篱笆用的绣球是人工种植的，剩下的都是野生的。最让人惊艳的就是那些野生绣球，它们肆无忌惮地爬上各种山坡和悬崖，全然不管脚下如何险峻，也不在乎是否有人观赏，只管一呼百应拼了命似地开放，瀑布般从悬崖顶上一路开下深渊。

左页　静谧美丽的佛洛雷斯
右页上　佛洛雷斯岛的原野
右页下　佛洛雷斯岛，无处不在的绣球

　　佛洛雷斯岛中部的山上有七个湖泊，地形的原因让它们经常迷雾笼罩，即使在海边阳光灿烂的日子里，来客也未必能一睹七湖的芳容。这些湖，有的独自静卧于山岭之中，有的一高一低错落组合，还有的并肩相守倒映着天空。向导根据经验判断着云雾的走势，不断改变计划，等待时机逐一揽胜七湖芳容。就这样在云雾聚散之间，那些湖有的始终犹抱琵琶，有的只在刹那之间掀起盖头，短暂得让你怀疑是自己的幻觉。上一次就看过这些湖的我，注意力被湖岸吸引了——七月里的湖泊真的都被绣球簇拥着，就像我曾在明信片中见到的一样。湖畔游客稀少，不管那些绣球如何花枝招展，依然不会破坏湖和山的神秘静谧。

第三站——科尔武岛

  从佛洛雷斯乘着快艇去科尔武，途中可以看到调皮的海豚在水面上跳跃，粉红透明的水母妩媚地漂浮在湛蓝的海水中。下了船换小巴士来到火山口边，只见火山口内部芳草如茵，湖泊如镜，牛羊在草地上悠然地散步，想来上一次爆发是非常遥远的事了。火山口内壁上，人工种植着横平竖直的绣球花篱笆，更多的却是野生的，密密地挤在长着青草的石壁上，无拘无束地蔓延，就像谁在绿丝绒背景上绣上了奔放的蓝色图案一样。

  而从科尔武新城到火山口这一路更是绣球花的世界。盘山公路边的绣球不但沿着公路连绵五六公里，而且还时常顺着山坡向下延伸好几米，也就是说，它们不是镶在路边的一条"花边"，而是顺着公路挂在山坡上的一条"花带"。山坡上是草场，成群的牛羊散布其中，草场隶属于不同的农家，彼此之间一概用绣球做分界线，就像是用绣球花在草场上砌出一道又一道的矮墙。花团锦簇的田园牧歌景象已让人心旷神怡，而包围着这一切的是无边无际的比绣球花蓝得更加深邃的大西洋。于是我被这些绣球吸引而放弃了乘坐小巴士，冒着被晒成"非洲人"的风险，在似火的骄阳下徒步五六公里下山。

左页　佛洛雷斯岛和远处的科尔武岛
右页　科尔武岛，绣球花里的田园诗

第四站——圣米格岛

在佛洛雷斯和科尔武的三天，感觉把一辈子该看的绣球都看完了，以至于来到圣米格岛再见到公路两边的绣球花时，一副见过世面坐怀不乱的姿态。但作为亚速尔最大的岛屿，圣米格自有征服我的办法。那天开车前往著名的七城湖，这是两个水质完全不同的湖，被一条只有一桥之宽的狭窄地峡隔开，看上去就像是一个湖，水却互不流通。晴天湖水会明显呈现出一蓝一绿。通往七城湖的公路还会经过两个小火山口，火山口里分别是圣迭戈湖和 RASA 湖。绣球花，出城不久就看到了，但当道路绕过一百多年前葡萄牙国王曾君临指点江山的"国王观景台"、经过圣迭戈湖和 RASA 湖所在的山脚的时候，这些绣球花开成了密不透风、连绵不断的，且动不动就高达两三米的花墙。那些绣球实在开得太盛了，花叠着花、花挤着花，一株上同时开出几十个每个都有排球大小的大花球，把叶子挤得几乎不见踪影。为了避免这种密不透风带来的单调感，一些路段还搭配种了很多百子莲。繁茂的淡蓝色绣球花和摇曳的紫蓝色百子莲形成层次与色彩的对比，这样一条花墙簇拥着的大道，任凭你看尽天下所有绣球，也会为它的壮观而惊叹。

如果说佛洛雷斯和科尔武的绣球以充满野趣和田园诗意取胜，圣米格岛的绣球则是靠精心呵护而取得令人惊艳的效果。这个岛上的绣球都是人工种植的，每个村镇负责维护自己管辖范围内的绣球。除了绣球花，环岛的乡村公路上还经常可以看到精心布局的姜花、马蹄莲、百子莲、美人蕉等，即使是车流稀少的路段也经常如此。

Tips

亚速尔群岛，正式名称亚速尔
自治区，孤悬于北大西洋中，
距欧洲大陆 1300 公里（另有
1600 公里一说），距美洲大
陆 1900 公里，是葡萄牙领土，
却与葡萄牙本土差一个时区。
整个地球上与它使用同样时
间的只有佛得角和格林兰岛
东部这两个同样孤独的地方。
2015 年 Ryanair、Vueling 等廉
价航空开辟了通往亚速尔的
航线，这里的旅游业迅速升
温。从 6 月中旬至 7 月的第二
周，亚速尔群岛逐渐进入绣球
花季。

圣米格岛的绣球之美，还美在与人文历史的和谐。岛南部的 Vila Franca do Campo 小城附近山顶上有一座造型独特的和平圣母礼拜堂，层层叠叠的台阶沿着山坡铺展，中间镶嵌着宗教题材的青花瓷版画。黑白相间的礼拜堂就伫立在长长的台阶顶端，显得气派非凡。台阶两边的山坡上全部覆盖着绣球花，而正对礼拜堂的一长排绣球更是开得宛如巨型版的蓝色花椰菜，几乎只能看见花而看不见叶子。越过这些巨型"花椰菜"，你可以看到一望无际的大洋、造型独特的小岛以及红房顶参差错落的古城。自然、人文、花卉浑然一体交相辉映的景象，只能用完美形容。

足够幸运的我在圣米格岛不仅看到了绣球花墙，还看到绣球花毯。两年一度的圣灵节是亚速尔群岛上最重要的宗教节日。村村镇镇各种花车游行，载歌载舞。Nordeste 是圣米格岛东部一个美丽的小镇，当地人用绣球花瓣和松枝沿街铺成花毯。铺花毯的过程很有意思，居民们各自负责家门口的路段，把各种木质的几何图案模型放置于路上，然后往里面填花瓣和松枝。新鲜的绣球花瓣是蓝色和白色的，陈年的绣球花瓣则被染成各种色彩，再点缀上美人蕉等花瓣，组合成色彩丰富的花毯。当宗教仪式开始，神职人员举着圣像，镇中名媛要人身着盛装，孩子们打扮得宛如天使，在乐队伴奏下踏着花毯绕村而行，气氛热烈庄严又带着浓重的乡土气息。

又要离开亚速尔了。绣球花季里的亚速尔比我梦中的样子还要梦幻。最后一次驾驶在被绣球簇拥的空荡荡的山路上，内心纠结。一方面觉得游客太少，亚速尔人投入大量时间精力和热情营造的这片绝色美景很难得到回报。另一方面又担心一旦这里变成人潮汹涌的网红景点，就再也寻不回秘境般的宁静与脱俗。🌸

秋天花园计划

秋天，花园里忙。忙播种春季开花的球根，为来年做准备。忙植树移栽树苗，修整养护。多年生植物也该到分株的季节，土壤需要改良，苗床：添衣加被⋯⋯预先规划好的花境亦像上好的闹钟到了绚烂的时刻。时令不等人，弹指一挥间，花园的丰足，园丁的心事尽在秋的计划里，揭晓答案，埋下伏笔。

浅说播种

文·晚季老师　图·玛格丽特-颜、王梓天

播种季的到来总是让人忙碌而兴奋。从一粒粒小小的种子，到植物开花结果，其间乐趣无穷。但稍不注意，又会出现全军覆没，一无所得的糟糕局面，播种真是让人又喜爱又担忧。但「秋天不播种，春天没花看」，为了春天花开满园，播种必不可少。

右页右上　旱金莲的种皮非常厚，播种前建议
先浸泡，让种皮软化更利于发芽。
右页右下　适合的温度和湿度让朝颜种子在种
荚里发了芽，顶着黑色的种皮就是"戴帽"现象。

播种前要了解什么

　　准备播种，从购买种子开始。首先要注意种子袋上标注的日期，一般而言，越新
鲜的种子发芽率越高，尽量不要买隔年陈旧的种子。其次，要了解所播种子的生长习
性。一些一二年生不耐热草花，九十月份播种，秋冬生长，春季开花，待到高温天来
临前完成生长过程，这类植物适合秋播。还有一类植物，清明节前后播种，夏季开花，
在霜冻到来时生长结束，这类植物适合春播。也有一些种子春秋播皆可。

　　播种前除了了解植物生长特点，还需了解种子发芽的特点，比如种子发芽需要光
照还是避光，种子是直接放置在土壤表面，还是需要覆盖，这些特点，在购买时就要
了解清楚。网上售卖的种子，一般都会有关于种子的播种说明。

　　种子发芽的温度也是需要关注的。一般气温在30℃以下就可以播种了，有些低温
生长缓慢的植物，如金光菊尽量提前播种。发芽温度是 18 ～ 20℃的植物可在十月份
播种，冷凉天气更适合小苗生长。另外，不是所有的种子都会发芽。有的种子的发芽
率只有 80% 左右，播下的种子有的发芽，有的不发芽，有的早发，有的迟发，都是正
常现象，这些都需要了解。

播种时要准备什么

播种泥炭、穴盘、细孔喷壶,这些都是常用的播种工具和材料。播种前,将泥炭湿润,手握成团,不滴水即可。如果使用旧穴盘,需要洗净穴盘。

把湿泥炭填充到穴盘内,用手轻轻压实,再准备播种。通常每个穴盘放置一到两粒种子,种子大小差异很大,较大的种子可以直接用手拿取,而一些细小种子,则可以用牙签蘸水,再去粘取。 为了提高种子发芽率,一些种子外面包裹了一层包衣。包衣遇水可迅速膨胀,包衣内含有促进种子发芽生长的有效成分,播种时无需把包衣去除,直接播种。

播种后的穴盘用细孔壶喷湿,覆盖上保鲜膜,用牙签在膜上扎几个小孔透气。如果使用育苗盒播种,直接盖上盖子就行。等待发芽期间,需每日揭膜(盖)半小时,如发现介质变干,可喷水保湿。

发芽后要注意什么

种子出芽后，需立即接受光照，预防小苗徒长。刚出芽的小苗还很稚嫩，在日光照射下注意保持介质湿润，一些播种时无需覆土的幼苗，可在根系附近覆盖一层湿润的蛭石。此时小苗只能温和浇水，不能大水冲淋，遇到暴雨天气，及时收回。

有些种子出芽后，种皮迟迟不能脱落，俗称"戴帽"。强行帮助脱帽，有可能伤及幼芽。浇水时，在水中加入少量花多多十号，可以帮助小苗脱帽。

种子出芽后，经常遇到出苗不整齐的现象。同一育苗盒内，有的种子发芽，需要放在日光下照射，而有的种子需要放置在阴凉处继续等待发芽，很让人纠结。为了避免这种情况，可在播种时选用两个型号一样的穴盘，将其中一个逐个剪开，放置在另一个穴盘上，再播种。待到种子出苗后，哪个先出就拿哪个出去接受光照，其余继续呆在原处等待发芽。

播种需要细致和耐心，但播种除了能获得想要的植物外，在播种的过程中，还会让你感受到无穷乐趣，从新芽钻出土面，到每一片叶片生长，都会让你欣喜不已。在这个适合播种的秋天，赶紧试试播种吧。🌸

左页左 刚出芽的小苗还很稚嫩，需要温和浇水。

左页右 种子出芽后，逐步接受光照，预防小苗徒长。

秋季枫树的栽与养

文 · 小米 图 · 玛格丽特 l 颜

秋季枫叶红了，晕染出庭院的秋色。而秋季也正是种植枫树的好季节，温度降低了，植株移栽的成活率增加，风险减小，莫错过此时植树的良机。

温度渐凉，秋意阵阵。随着变色期临近，一场树叶的狂欢季即将到来。如果说哪一种植物最能代表秋季的颜色，那么无疑是枫叶了。枫树在深秋时节，在阳光、温度、水分等因素的多重作用下，将呈现华丽的色彩。但是，并不是任何情况下都可以种植出理想的变色效果，这里面会有很多干扰因素。撇开气温、物候等自然界的客观因素，单从人为能把控的环节——枫树的种植养护入手，可以从这些方面努力。

秋季枫树的种植与养护

　　枫树的秋季养护可以分两个阶段：落叶前和落叶后。这两个阶段枫树的生理状态完全不同，需要因时制宜采取不同的管理和种植方式。

枫树落叶前的种植与养护：

　　落叶前的枫树仍处于生长阶段，这个阶段需要买容器苗进行种植。秋季气温相对趋于冷凉，因此可以比较安全地进行带土球换盆或者直接移栽到地里，但修根和去土仍然需要在落叶后进行。移栽后注意温度如果超过30℃，仍然需要进行遮阳，直至温度低于30℃，才逐渐接受光照直到全光照养护。水需应该随着气温降低逐渐减少浇水的频率，具体视盆土干湿情况而定。这个时期可以给植株施肥，以缓释肥为主。

枫树落叶后的种植与养护：

　　枫树落叶即进入休眠期，休眠期枫树的种植与养护相对简单，换盆换土也适宜在此时期进行。也可以进行裸根苗的种植，去土球甚至完全去土移栽，可以修根、修枝等。落叶后的枫树所需水分不多，要减少浇水，保证土壤有点潮湿即可，对光照要求也不十分讲究，但要注意及时清理和修剪枯枝落叶，并对植株和环境进行杀菌消毒。对植株的施肥要以有机肥为主。

养出枫树最美色彩

想要枫树秋天完美变色，必须首先做到七个"不"字：

1. 枫树叶片不能有残缺，比如破损、虫咬之类。
   保持一张完整的枫叶是秋天变色的前提。

2. 不可有超过30℃以上的高温暴晒，避免焦叶、枯叶。

3. 秋季浇水不可以过多，过多则容易烂根而呈现焦
   边的现象，从而影响变色。

4. 不可以用大盆、深盆种植小苗，要选择大小合适
   的盆器进行种植，以免水分蒸发太慢导致长期潮
   湿而引发的烂根。

5. 不可以放置在太过于阴暗和不通风的环境里，温
   度下降到30℃以后，可以让植株逐渐接受全日照，
   这对于变色非常有利。

6. 不可以中午往叶子上喷水，以免水滴产生的光聚
   效应灼伤叶片。

7. 避免吹到热风和干燥的风。

迎接秋季变色期来临

　　一般十一月中下旬到十二月中上旬是枫树的变色集中期，南北气候不同，变色期有早晚。凉爽、干燥、温差大、阳光明媚的秋天，可刺激花青素的生成，产生明亮的红色和紫色。当秋季温度下降到 10℃以下（日最低温），昼夜温差稳定在 10℃ 以上时，枫叶就会开始变色。因此，枫树从 9 月中下旬开始应接受充分光照，秋季有足够的阳光才能使叶片产生最佳的色彩。此外，要对植株进行适当控水，使枫树根系微微处于干旱的状态，将有利于提前变色，延长变色时间，改善叶色。但也不能让枫树处在过于干旱的状态，否则有可能造成落叶。

　　当然，除了提高养护水平，也可以选择一些秋季表现相对较好的品种。这里要强调的是，秋季枫树变色不是绝对的，而是相对的。会因为气候、环境、管理等各种因素而发生不同的变化。变化莫测的色彩变化，正是枫叶独有的神秘魅力。此外，还有非常重要的一点，秋季变色的好坏，与其他三个季节的管理密不可分，尤其是夏季的管理。只有掌握枫树的习性，才能更好地养好枫树，养出更美的枫叶。🍁

欢迎关注微信公众号：械枫的世界

做好7件事，秋日花园大成功

文·Wendy

图·玛格丽特-颜

秋天，园艺层面上讲是一个复杂的季节，白天日照短而强，早晚温差大，天气变化诡谲，植物光合作用逐渐放缓。但是经过良好设计的花园秋季景观依然可以跟夏日的花园媲美，需要花园主人坚定地做好这7件事。

1 确立秋季花园劳作目标

计划花园的秋季景观首先要搞清楚你想要花园做到什么？想要维持你在春夏两季规划好的色彩以及结构？突出某一处漂亮的景观？凸显某些当季具有表现力的植物或色彩，填补枯萎植物的空缺？所谓三思而后行，花一些时间想清楚花园设计和植物的秋季功用，以及想要达到怎样的景观呈现。

2 从室内观景的角度考量

天气渐凉，我们在户外停留的时间也会越来越短，从这个角度出发，思考你想在室内透过窗户看到怎样的秋季景观？这会帮助你决定做一个怎样的景观，以及设置在何位置。

3 延续既定的园艺设计方向

好的园艺方案即使进入秋季也不应被废止，延续春夏时节执行的设计方案，这可能包括互补的色调、形状、视觉连贯的花卉群落、叶片等，在计划秋季花园景观时不要忽略前面已敲定的设计元素。

血草

秋日里的紫花前胡

借助非开花植物

　　尽管多数植物在夏末或秋季会复花，非开花植物迟早会进入它们的繁盛期，取代开花植物。观赏草就是显著的代表，它们为秋而生。要记得获得漂亮色彩的方式不止使用开花植物一种，眼界放宽广。

南天竹

火焰卫矛

5 搜集三季或四季常青植物

　　秋季植物正经历形态上的各种变化，比如叶色和枝干上的转变，将这些各季表现不同的植物收录进花园会推动景观的更迭换新。比如万能的栎叶绣球，叶色发生变化，干燥的花头为冬季花园景观持续创造优美的线条结构。其他表现良好的植物还有铁线莲。

英蒾

毛核木

忍冬科金银木，秋天挂满红色的小果子。

6 关注树的结构和尺寸

即使落了叶，许多光秃秃的树的轮廓在秋天依然有型、与众不同。此外，很多大受欢迎的园艺品种都有相对应的矮株品种，以至于我们在设计秋季花园景观时能够轻松入手喜欢的园景树，而不用为占用空间而有后顾之忧。同样，结浆果的灌木也是秋季花园中的好选择，吸引小鸟来食用果子，树形优美，这一类树是园丁们的福祉。

紫菀

堆心菊

芳香万寿菊

7 入手非常规的植物品种

紫菀、泽兰、堆心菊是秋天的"标配"，但是偏小众的植物品种才是花园里的"宝贝"，值得正经列个愿望清单。采购时考虑加入一部分"非普货"，给花园或者花境的打造增添个性，推荐北美蓝杉、花叶小盼草、唐松草、秋麒麟草。🌼

> 植物不张嘴，但从未停止对我们诉说。它们的语言，需要静心去聆听。
> 聆听得越多，越能体验到走进这片秘境的快感……

植物的语言
——植物个体间的信号传导

文·赵芳儿 图·玛格丽特-颜

如果三毛能听得懂植物的谈话，这首关于树的诗，她可能会换一种写法。因为树自然有属于它们的悲欢。它们也许「非常骄傲」，但从不沉默；它们不能走路，但从没停止寻找和依靠。

如果有来生，
要做一棵树，
站成永恒。
没有悲欢的姿势，
一半在尘土里安详，
一半在风里飞扬；
一半洒落阴凉，
一半沐浴阳光。
非常沉默、非常骄傲。
从不依靠、从不寻找。
……

三毛的诗。在文学家的眼里，在大众的眼里，树是沉默不说话，无悲无喜，与世无争的永恒。

但是，树真的不说话吗？

40 年前，在非洲大陆的莽原上，一项研究结果令人目瞪口呆。长颈鹿最爱的美食——非洲金合欢树，为了摆脱长颈鹿这个"恶魔"，会在遭啃食后短短几分钟之内，在叶子里分泌"毒素"。奇怪的是，研究者在它邻近的同伴身上，也检测出这种毒素。这说明，金合欢在遇到啃食危险后，会向邻近的同伴传递"敌情"，得到信息

的金合欢树立刻会分泌同样的毒素来自卫。

　　只是不幸的是，道高一尺、魔高一丈，长颈鹿显然能听懂金合欢的谈话、破获情报——它会走远一些，找到那些没有收到信息的金合欢，继续享用珍馐。

　　看来，树不是不说话，只是人类听不懂而已。

　　美国华盛顿大学生物学家的发现也证实了这一点。一片柳树林中，有一棵树正在遭受害虫的大块朵颐，柳树赶快启动警报系统，在新长的嫩叶中大量合成石灰碱等物质，这足以让虫子们倒尽胃口，转而去寻找别的猎物。不过如果再想吃到美味可口的柳树叶，它们恐怕要走较远的路，因为临近的柳树都接到了同伴释放的激素分子警报，叶片中都已经大量合成石灰碱，让虫子无从下口。

　　类似的情景每天都在森林里发生。有一棵橡树病死了或者被砍伐，周围的橡树

像接到族长命令似的，全体动员，开出更多的花，以便结出更多的果实和种子来延绵子嗣。

　　可是，植物到底是怎么"开口说话"的呢？它们给同伴的情报又是如何传递出去的？

　　释放生化信息素，是植物间相互交流的方式之一。被长颈鹿啃食过的金合欢会散发出一种气体——乙烯，乙烯很快扩散到周围环境中，或者随风传播，同伴们一旦感受到这种气体的存在，便可以立刻启动警报机制，释放出一种叫做单宁酸的物质。这对于入侵者来说可不是什么好东西，不仅口感差，含量高的话还能致命。

　　除此之外，许多科学家还发现，植物各器官可以通过自身发出的电信号传递信息，进行"电话交流"。

　　1873 年，科学家就检测到捕蝇草体内的电流产生，证实了植物之间"通电话"

左页　被长颈鹿啃食过的金合欢会散发出一种气体——乙烯。
右页　科学家最早发现捕蝇草体内能产生电流。

左页左　如果有来生，我要做一棵树。
左页右　它们也许"非常骄傲"，但从不沉默；它们不能走路，但从没停止寻找和依靠。——摄于北京胖龙丽景。

参考文献：

（1）李鹏翔. 植物传递信息的秘笈[J]. 科技长廊，2018：33
（2）彼得·渥雷本. 树的秘密生命[M]. 南京：译林出版社，2018.
（3）Firn, R. Plant intelligence: an alternative point of view [J]. Ann Bot, 2004, 93, 345-351.
（4）van Loon, L.C. The Intelligent Behavior of Plants [J]. Trends Plant Sci, 2016, 21, 286-294.

的可能。随后，不少科学家在食虫植物、感震植物、攀缘植物和非敏感植物中也发现了电信号。英国科学家研制出一种植物探测仪，把这种仪器的一根引线与植物的叶子连接，通过电子翻译器，便可以在耳机内清晰地听到植物在"说话"。干旱季节，某些缺乏水分的树木仿佛在低声呼喊："水！水！水！"专靠咬树为生的小蠹虫便趁人入危，向树木发起进攻。不过，如果人类发现了小蠹虫这种小把戏，完全可以利用树木的语言来同专门为害树木的害虫作斗争——只需复制出一种频率与树木"说话"相同的超声波就行了，小蠹虫肯定会上圈套的。

随着研究越来越深入，植物更多的沟通方式被逐渐解密。德国科学家发现，有的植物可以通过高频声音"说话"，只是由于频率太高，人耳听不见罢了；另一些植物则通过极微弱的光来传递信息——这种微弱光，人很难以觉察，使用仪器却可以测出。德国生物学家赫伯特·威茨教授最近宣称，已经破译了包括洋槐、梧桐等十余种树木的"语言"。他甚至指出，不同树种的"语言""风格"也不尽相同，如橡树、山毛榉、杉树较为风趣，而马尾松相比之下却较为朴实。

当然，植物的智慧似乎还远不止如此。

互联网和高速轨道交通是人类智慧的代表和骄傲。可是，早在几亿年前，在我们看不见的地下，植物就联手它们的好伙伴——真菌，建立了一个比互联网更科学、先进的网络，它们不仅可以利用这个网络

右页左　当一棵柳树遇到害虫的袭击，大量的石灰碱被安排进入新长的嫩叶中。
右页右　柳树

交换信息，还能交换养分。

在森林里，每一种植物都会选择几种真菌与之共生，让自己根部的表面积扩增好几倍，借此吸收更多的水分和养分。我们可以看到，与真菌共生的植物，比没有真菌共生的多两倍以上的磷和氮。真菌不只是为同类树种之间搭桥建梁，还将各种不同的树链接成为一个整体。科学家曾把具有放射性的 C13 的 CO_2 注射到一棵白桦树上，经由土壤中的真菌联结，C13 的同位素信号可以在一棵相邻的幼小树木上检测到。

这张网，不就是我们人类交通网络和互联网的结合体么？

或许，当我们有一天懂得植物的语言，我们能清楚地听到它们类似下面的谈话：

"兄弟，最近有点虚胖，能借点磷么？""群友们，隔壁兄弟有难，众筹点物资，帮他过冬吧。"……

了解到这样一张网的存在，就不难解释，为什么人类种植在大田里的作物，比森林里的植物需要施更多的化肥农药。也许很大的原因，在于彼此陌生的它们之间没有了这张地下网的联结，它们没办法说话，遇到敌情没办法传递和求助，只能依靠人类的呵护才能生存。

所以，谁说草木无情呢？

如果三毛能听得懂植物的谈话，这首关于树的诗，她可能会换一种写法。因为树自然有属于它们的悲欢。它们也许"非常骄傲"，但从不沉默；它们不能走路，但从没停止寻找和依靠。🌸

作者 赵芳儿

本名印芳，植物学硕士，现为中国林业出版社图书策划编辑。

瞬间

文 / 图 · 余传文

造园应该好好重视"瞬间"的营造，即便再小的花园都存在无数的契机去呈现瞬间的美感。它带给欣赏者的是直接的触动，铭记，珍惜和回忆。

人生难得一位无话不谈的知心酒友，如果能有两个，简直是三生有幸，而我就是如此幸运的人。我的两个好酒友一个在天津一个在上海，他们互不相识，却都能在酒酣之际和我探索人间事。甚至可以说，我的很多设计想法都是在酒桌上的闲谈中生发的。对此，我很感谢他俩。

天津的酒友已经结婚了，但还没有孩子。有一天，我们在酒桌上说起育儿这个话题，他略带忧郁地说："网上有人仔细算了一笔账，在这个时代生养孩子，是一件弊远远大于利的事，需要投入的精力财力和日后可以收获的幸福完全不能对等，真的有些犹豫呢。"

虽然我没有任何育儿的经验，但能理解他所说的"入不敷出"。钱财只是一方面，现代人每天应付工作都已经很累了，把仅剩的精力花在养育孩子这件事上，所付出的代价可想而知，但是孩子长大了，有了自己的想法之后，带给父母的却是无止境的叛逆和争吵，就像我们对自己父母做的那样。

但我仍然觉得哪里不对。

"你还记不记得上一次特别兴奋的时刻是什么？"我冷不丁地冒出这个问题。

"啊？"

"惬意的下午，或者我们喝酒，这是'满足'而不是'兴奋'。我问的是上一次让你心跳加速毛孔贲张的那种兴奋感，是什么时候，还记得吗？"

其实，这是之前上海酒友问我的问题。

那是一个更加伤感的酒席，我当时思索了很久。小的时候是很容易兴奋的，为一件小事都能快乐得跳脚，但长大以后这种机会就越来越少了。我真的不记得上一次"兴奋"

是什么时候了。

"我记得，"上海酒友吞了一口酒，"半年前，我和女友还没分手时，有一次去商场吃饭，我记得吃的过程中还小小吵了一架。之后我们找电梯下楼的时候看见了一台抓娃娃机，不知当时怎么想的，买了50块钱的游戏币，我俩轮流尝试，都失败了。只剩下最后一个币了，我投下去，她来操作，问我靠左一点还是右一点，我说靠左挪一点点，然后我们一起拍下按钮。这最后一次机会竟然成功了！太难以置信，这是我人生里和她人生里第一次抓到！当抓娃娃机的爪子抓起那个小猪玩偶时，我的心提到了嗓子眼，当看到它真的掉进出口洞的那一刻，心里就像爆炸了一样！我俩大叫着跳着抱在一起欢呼……"

"那是我距现在最近一次的兴奋，"他又呷了一口，吞得更急，"它提醒我，已经有半年时间没那么开心过了。"

我不知所措地坐在他面前，也不知道该如何安慰。他却很快回复平静，问我道："你不应该啊，作为一个花园设计师，自然世界里不总是充满了能令你兴奋雀跃的瞬间么？"

那一刻我真是醍醐灌顶。花园里的确充满了这样的瞬间，能给人为之一振的点滴时刻：发现花蕾打开的一瞬，微风送来花香的一瞬，虫鸣鸟叫响起的一瞬，拨云见日阳光突然洒下的一瞬，一阵秋风中落叶纷纷雨下的一瞬，早上醒来发现花园被白雪覆盖的一瞬……我怎么会忽略这些闪着金子般光芒的时刻呢？园丁们全年的辛苦劳作，为的不就是这些美丽得足够让你震撼铭记的瞬间吗？

作者 余传文

青年独立设计师，主攻小尺度园林营造，毕业于同济大学和爱丁堡大学景观设计专业，多年在英国生活工作，其间于2012年London Green Infrastructure 国际设计竞赛中获奖，并成为RHS英国皇家园艺协会会员。2015年回国，现在全国范围内进行花园庭院创作，并从事相关写作和翻译工作。

微信公众号：余传文的花园笔记

于是我也找到了劝说天津酒友的语言。

"人生是极苦的，不是吗？但总有一些东西能在这悲苦世界里闪光，为你撕开一条缝隙，带给你片刻的欢愉。人生的意义是什么呢？我们都会必然离去，努力的所有业绩也都会成空。但带不走的，是生命里这些闪光的瞬间，它们就在我们的记忆里，永远记得，随时能安慰我们。而孩子，一旦你决定要把他诞下，就预订下了此后一系列的'闪光时刻'：他会翻身的一刻，他会走路的一刻，他第一次开口叫你的一刻，他逗笑你的每一刻……都在等着你开启。是的，孩子真是个赔钱货，但因为他，你将拥有这么多金子般的回忆，去抵抗痛苦无聊的生活，也是很值得的吧。人生不是你经历了什么，而是你如何回忆。"

酒友微微颤动的嘴唇表明他被我说动了，而他不知道的是，我其实也在说花园。

这件事给了我很大触动，我开始反思在花园设计中是否应该给"瞬间"以更多的重视。作为一个科班出身的园林设计师，我从上学时起就被教导要关注空间的结构。设计一开始就要树立结构，更要花很多时间来推敲这个结构合不合理、吸不吸引人。但是在实际工作中，我发现大部分人却很少关注到这些结构。并不是说它没有用，而是它不常带给欣赏者直接的触动。那什么能带来直接的触动呢？正是瞬间。人们大都是被美妙的瞬间打动的，游园结束后，记住的也都是这些瞬间。

所以，真的应该好好重视这些瞬间的营造。即便再小的花园都存在无数的契机去呈现瞬间的美感。巧妙地运用光影和材质，结合人的各种感官和潜意识，足以在方寸之间爆炸出丰富的体验。为此我们还可以尽力简化结构，让形式感简洁再简洁，另一方面，在这个朴素的结构里填入尽可能多的打动人的"瞬间"体验，形成反差。

如果把"瞬间"仅仅理解成"细节"，就失去太多乐趣了。瞬间不是细节，它暗示了"有故事发生"。显然，瞬间和细节的差别在于"时间维度"。但绝不是时间无意义的流逝，而是有"事件"发生在这个或长或短的时间段内。于是，在这个理论下，"制造事件发生的契机"便是造园的关键。简言之，要创造"动词"，而不是"形容词"。

我记起意大利一座不知名的小广场，广场的入口处有一座喷泉，人们通常会前来洗手。但它偏偏设计成不让人们直接靠近的形式：喷泉的周围凿出了一圈沟壑，一步之遥，就是过不去，然后很巧妙地摆上一块踏脚石，就一块，还很小，只够踏上一只脚。人们走过来只能一脚立在石上，身体前倾，另一只脚抬起保持平衡，一只手扶在喷泉的石头基座上，用另一只手够取水——这便是一个"制造动词"的例子。

说白了，就是通过设计，加深人与场所的"羁绊"。

做独立设计师的好处就是你的工作可以对生活产生很积极的影响，而且能做到知行合一。对设计中"瞬间"的探索也修正了我的生活观，我也开始反思自己的人生里是否预设了太多的结构，倾注了太多的结果导向，以至于忽略了许多本该好好珍惜的瞬间。

上海酒友在酒桌上还说起过一个特别令人惋惜的瞬间：有一次他和女友去杭州玩，两人骑车打算去之江大学校园。女友在前面带路，却走错了路，酒友发觉了偏差，但女友在前面错误的路上骑得太快太远了，打电话也听不到，于是只能奋力追上去。追到她的时候，已经骑到了钱塘江大桥的正中央，正值下午斜阳，照的江面层层烁金。

"我真不该错过那一刻，当时应该收起那些埋怨她的话，抱住她在那个壮观的场景里拥吻。当时的确有想过，但在一念之间错失了，然后，就永远的错失了。后来我曾想过许多次用现在拥有的去换那一刻，让我重新选择一次，跟最后的结果无关，只想修正那个瞬间。"

我开始留心生活，用照片或文字去记

录瞬间。尝试着根据时令把工作安排好，留出去看花赏叶的空档，还会格外珍惜不期而遇的难得机会。人不应该把自己想成世界的主宰，自然有它的节奏，美景不会等你。秋天的北京连着好几天阴霾，我去拜访一位建筑师朋友时，天难得地放了晴。我拉着他放下手里的工作，一起爬到屋顶上晒太阳，还顺手摘下枣树枝头的果实，酸酸甜甜正是最好吃的时候。

"工作今天没做完明天还可以做，好天气却不会等你，今天错过了明天可能就没了，就算明天也晴，明天的你说不定又会被什么事绊住，再下次可能要明年了。"

几天之后，我在杭州骑车路过满觉陇时刚好赶上了一阵急雨，来了这么多次终于见到了真正的"满陇桂雨"。潮湿的空气里渗透着桂花的香甜味儿，我化身一粒小虫浸没在香露之中。这场雨，这片林，刚好和我相遇在此刻，早一点晚一点都不行，由衷地感叹时机造化，更加深了我对"瞬间"的珍惜。

长期以来我们都活在一个以结果导向为主流思想的社会里，评判一件事好或不好，看的是它带来的结果。如果一个事业、一段感情、一项爱好不能修成正果，那么之前的全部就都是在浪费时间，不值得。果真如此吗？我们每个人最后的结果都是死亡，每座花园的结局都必然是荒芜，所以全都没有意义么？我可以理解为什么这个社会要信奉"结果主义"，因为这是更有效率的做法，可以最大程度上避免失败，迎来成功，更快更好地积累，让我们拥有的越来越多。可是，"拥有"与"快乐"的关系并不像我们想象的那么简单直接："拥有与快乐不成正比，也不成反比，它们根本没有关系……它们只在一个瞬间里产生了关联，之后就只是对快乐的追忆，和对快乐的向往。"

领悟这点后，我便想：与其一味地追求"更多的拥有"，不如调整一下前进的速度，让那些"拥有与快乐刚好重合"的瞬间更多地出现，更多地被感知。

我相信这个方法在造园中也同样适用。🌸

品牌合作 *Brand Cooperation*

海蒂的花园
专注家庭园艺，主营欧洲月季、铁线莲、天竺葵、绣球等花卉的生产和销售，同时提供花园设计、管理等服务。

地址：海蒂的花园－成都市锦江区三圣乡东篱花木产业园
海蒂和噜噜的花园－成都市双流区彭镇

北京和平之礼景观设计事务所
设计精致时尚个性化，造园匠心独运，打造生活与艺术兼顾的经典花园作品。

地址：北京市通州区北苑 155 号
扫码关注微信公众号

东篱园艺
一朵花开的时间值得等待；一家用心的店值得关注
不止卖花还共享经验；一家不止有花的花店
花苗很壮店主很逗；卖的不止有花也有心情

扫码关注淘宝店铺

园丁集
买高端化花园资材就上园丁集。
由国内外优秀的花园资材商共同打造的线下花园实景共享体验平台。

地址：南京市雨花台区板桥弘阳装饰城管材堆场 1 号（6 号门旁）
电话：13601461897／叶子　扫码关注微信公众号

马洋亭下槭树园
彩叶槭树种苗专业供应商

扫码关注淘宝店铺

花信风
牧场新鲜牛粪完全有氧发酵，促进肥料吸收，抑制土传病害，改土效果极佳。淘宝搜索关键字"基质伴侣"即可。

扫码关注微信公众号

海明园艺
种花从小苗开始 过程更美

扫码关注淘宝店铺

 祝庄园艺

常州市祝庄园艺有限公司
全自动化和智能化的生产与管理设备，国内最先进的花卉生产水平。每年有近 130 万盆（株）的各类高档观赏花卉从这里产出，远销全国各地。

扫码关注微信公众号

克拉香草
专业培种和植香草，目前在售有薰衣草、迷迭香、百里香、鼠尾草、薄荷等 100 多种，从闻香－食用、手作到花园，香草都是最美的选择。养香草植物请认准克拉香草。

扫码关注淘宝店铺　微信公众号：克拉香草、香草志

有园盆景园
盆景－用植物、山石、土、水等为材料经过艺术创作和园艺栽培集中地塑造大自然的优美景色，达到缩地成寸，小中见大的艺术效果。

地址：成都市温江区万春镇生态大道路水段 2096 号
电话：13320992202／何江　扫码关注微信公众号

嘉丁拿官方旗舰店
世界知名园林设备品牌德国嘉丁拿（GARDENA）致力于提供性能卓越一流的园艺设备和工具。

扫码关注淘宝店铺

 GARDENA

上海华绽
为私家花园业主提供专业的花园智能灌溉系统解决方案

扫码关注微信公众号

 J·BROTHERS 上海华绽

【小虫草堂】
——中国食虫植物推广团队
国内最早，规模最大食虫植物全品类开发团队！拥有食虫植物品种资源 1000 余种（包含人工培育品种）。

官方网站：CHINESE-CP.COM　扫码关注淘宝店铺

vipJr 青少年在线教育
600 多本绘本故事；明星老师上课；语数外每天学。

电话：18861296926
扫码关注微信公众号